青少年心理自助文库
完美丛书

简 约

简单做人情满怀

郭桂云/著

> 世界变得复杂，是因为你变得复杂。
> 你简单了，世界就变得简单了。

中国出版集团 现代出版社

图书在版编目(CIP)数据

简约:简单做人情满怀／郭桂云著. —北京：现代出版社，2013.11
(2021.3 重印)

(青少年心理自助文库)

ISBN 978-7-5143-1946-0

Ⅰ.①简…　Ⅱ.①郭…　Ⅲ.①人生哲学－通俗读物
Ⅳ.①B821－49

中国版本图书馆 CIP 数据核字(2013)第 276335 号

作　　　者	郭桂云	
责任编辑	肖云峰	
出版发行	现代出版社	
通讯地址	北京市安定门外安华里 504 号	
邮政编码	100011	
电　　话	010－64267325 64245264(传真)	
网　　址	www.1980xd.com	
电子邮箱	xiandai@cnpitc.com.cn	
印　　刷	河北飞鸿印刷有限责任公司	
开　　本	710mm×1000mm　1/16	
印　　张	12	
版　　次	2013 年 11 月第 1 版　2021 年 3 月第 3 次印刷	
书　　号	ISBN 978-7-5143-1946-0	
定　　价	39.80 元	

P 前 言
REFACE

　　为什么当今时代的青少年拥有幸福的生活却依然感觉不幸福、不快乐?又怎样才能彻底摆脱日复一日地身心疲惫?怎样才能活得更真实快乐?越是在喧嚣和困惑的环境中无所适从,我们越是觉得快乐和宁静是何等的难能可贵。其实,正所谓"心安处即自由乡",善于调节内心是一种拯救自我的能力。当我们能够对自我有清醒认识,对他人能宽容友善,对生活无限热爱的时候,一个拥有强大的心灵力量的你将会更加自信而乐观地面对一切。

　　青少年是国家的未来和希望。对于青少年的心理健康教育,直接关系着下一代能否健康成长,承担起建设和谐社会的重任。作为家庭、学校和社会,不能仅仅重视文化专业知识的教育,还要注重培养孩子们健康的心态和良好的心理素质,从改进教育方法上来真正关心、爱护和尊重他们。如何正确引导青少年走向健康的心理状态,是家庭、学校和社会的共同责任。心理自助能够帮助青少年解决心理问题,获得自我成长,最重要之处在于它能够激发青少年的自我探索的精神取向。自我探索是对自身的心理状态、思维方式、情绪反应和性格能力等方面的深入觉察。很多科学研究发现,这种觉察和了解本身对于心理问题就具有治疗的作用。此外,通过自我探索,青少年能够看到自己的问题所在,明确在哪些方面需要改善,从而"对症下药"。

　　好的习惯将使你成为有成就的人,同样,坏的习惯也将使你一生一事无成。所以切不可小看平时一些微不足道的毛病,一旦养成习惯,将成为你前进路上的绊脚石。这就非常需要我们仔细检查一遍自己的习惯。看看哪些是有益的,哪些是有害的,而后,将有害的改为有益的。哪怕一个小小的改

变，假以时日，必能受益无穷。后天的培养铸就了人们强大的习惯，要树立勤奋是光荣的、努力和坚持不懈终会得到好回报的信心，正所谓好习惯结好果，坏习惯酿恶果。

习惯是所有伟人的奴仆，也是所有失败者的帮凶。伟人之所以伟大，得益于习惯的鼎力相助；失败者之所以失败，习惯同样责不可卸。习惯决定命运。但我们应该明白，习惯不是与生俱来的，它是我们在后天的行为活动中逐步形成的。只有在正确道德意志的驱使下，才能形成良好的习惯。捡起别人忽略的纸屑，扔掉马路上的砖瓦，按时归还借来的东西，学会整理自己的学习用具，学会独立处理自己的事情……这些都需要我们在日复一日的学习与生活当中逐步养成。

所有成功人士都有一个共性，那就是，基于良好习惯构造的日常行为规律。各个领域中的杰出人士——成功的运动员、律师、政客、医生、企业家、音乐家、教育家、销售员，以及其他专业领域中的佼佼者，在他们的身上都有一个共性，那就是良好的习惯。正是这些好习惯，帮助他们开发出更多的与生俱来的潜能。正因为习惯的力量是如此之大，所以我们要养成良好的习惯以有助于成功。

本丛书从心理问题的普遍性着手，分别描述了性格、情绪、压力、意志、人际交往、异常行为等方面容易出现的一些心理问题，并提出了具体实用的应对策略，以帮助青少年读者驱散心灵的阴霾，科学调适身心，实现心理自助。

本丛书是你化解烦恼的心灵修养课，可以给你增加快乐的心理自助术；本丛书会让你认识到：掌控心理，方能掌控世界；改变自己，才能改变一切；本丛书还将告诉你：只有实现积极心理自助，才能收获快乐人生。

C目录
ONTENTS

第一篇　做人之道在简单

做人不要太精明 ◎ 3

不要太工于心计 ◎ 6

给人一点笨拙感 ◎ 9

欺骗别人就是欺骗自己 ◎ 11

不要说你比他更聪明 ◎ 14

做人要有诚信 ◎ 17

吃点亏不算什么 ◎ 20

幸福就是少计较 ◎ 23

低调做人 ◎ 26

微笑是有效的通行证 ◎ 29

第二篇　放下包袱，轻装前进

简单生活，懂得放手 ◎ 35

张扬个性 ◎ 38

该自私的时候要自私 ◎ 41

放弃忧虑 ◎ 44

摒弃自卑的心理 ◎ 47

第三篇　简单处事，乐在糊涂

该"糊涂"时且"糊涂" ◎ 53

做人要小事愚，大事明 ◎ 57

大智若愚 ◎ 60

才，在适当的时候展现 ◎ 62

做人含蓄一点 ◎ 65

该沉默时一定要沉默 ◎ 68

做个"无心人" ◎ 71

睁一只眼，闭一只眼 ◎ 74

巧妙"打圆场" ◎ 77

别把痛苦放在心上 ◎ 80

巧妙脱离尴尬 ◎ 83

当众拥抱你的对手 ◎ 86

遇事要给人台阶 ◎ 90

用笑脸面对不幸 ◎ 94

第四篇　淡泊名利，快乐生活

贪婪即祸端 ◎ 101

知足常乐 ◎ 104

名与利，浮云而已 ◎ 107

不要让欲望变成贪婪 ◎ 110

只有尽心尽力，没有十全十美 ◎ 113

世上没有全才 ◎ 117

勿以善小而不为 ◎ 121

拥有淡泊的生活 ◎ 124

追求简单的生活 ◎ 127

"面子"不等于尊严 ◎ 130

第五篇　心底无私，与人为善

奉献是一种快乐 ◎ 135

与人为善 ◎ 138

保持真我 ◎ 142

享受给予的快乐 ◎ 148

给盲人提灯笼 ◎ 151

常怀感恩之心 ◎ 154

摘掉"有色眼镜" ◎ 158

第六篇　对待工作，不能简单

正确认识自己 ◎ 163

确定正确的目标 ◎ 167

脚踏实地地奋斗 ◎ 171

活出自己的价值 ◎ 174

不要为自己找借口 ◎ 178

勇于承认错误 ◎ 182

第一篇 >>>

做人之道在简单

简单做人，并非不顾及周边环境，无视复杂的人际关系，而是说在对人情世故有着充分认识和必要准备的前提下，在做人的方式上化繁就简，有意识地跨越许多约定俗成、害多利少的做人羁绊，把原先复杂的做人之道简单化。

做简单的人需要真诚，需要坦率，需要勇气，需要宽容，需要"出淤泥而不染，濯清涟而不妖"的特有的个性与品质。做简单的人是一种睿智的选择，是对人生深刻感悟。因为简单为我们创造了一个轻松而又自由的空间，使心灵得到充实。

做人不要太精明

做人与做事，是个常说常新的话题。对任何人来说，不管自觉不自觉，他始终在以自己的方式做人，不论有意无意，他也始终在以自己的方式做事。正因为做人与做事无时无处不在，似乎人人都会，所以许多人并没有把做人与做事当作一个问题来研究；另一方面，做人有层次、做事有成就又是如此困难，对大多数人而言似乎是遥不可及的事情。因此，有的人又走向另一个极端，认为做人与做事是个天大的学问，穷尽毕生的精力也未必能略窥其中一二。

当你选择好人生目标并准备为之奋斗时，一定要记住：要聪明，却不要太精明。聪明的人一般不计较眼下的区区得失，而是把眼光放长远，时刻有一个宏观的事业目标，所有的努力都为这个目标服务。虽然他们的很多行为让别人看起来没有多大好处，甚至很吃亏。但是，他们心里清楚，自己的努力在将来肯定会得到巨大的利益回报。

可在现实生活中常常有这样一种人：他们斤斤计较于个人得失，为了一点小小的利益能与他人争破头皮，从来不肯吃一点小亏。有时似乎也因为自己的"聪明"而获利不少，比如，单位给员工发放一批福利品，最后剩下一件，某个精明的职员就会跳出来，以某种借口将其据为己有，而其他同事也不好意思说什么；或上司分给部门一个临时任务，这个员工一看任务有些麻烦，便借故推给其他同事，自己则一身轻松，这种表面上看似精明的人，似乎十分实用，实际上却犯了为人处世中的一大禁忌。

在与他人相处的过程中，最怕的就是太过精明和斤斤计较。相反，

如果能够在与他人友好相处时，做到宽容待人，那么就没有处理不好的人际关系，也没有化解不了的恩怨。

在这个问题上，有些人处理得很好，有些人则处理得很差劲。我们经常可以看到，有些人受到人们的欢迎，在生活中如鱼得水；有些人却四面树敌，很难与周围的人相处。为什么会造成这样的情况呢？究其原因多种多样，社会是由人的群体组成的，而每个人又有着各自不同的生活经历、兴趣爱好、文化背景和性格，这些不同的人组合在一起，形成了一个个或大或小的生存环境。在这样的环境里要营造和谐的人际关系，对于每一个人来说，都是一个无法回避但又需要正确对待的问题。

有些人在与他人相处中，"利"字当头，什么亏都不能吃，什么便宜都想占，总在算计着别人，以为别人都不如自己聪明，由此从中揩点油，讨点便宜，好像这样做就会比别人过得好些。这种人功利心太重，把功利当作人际关系的首要，日子过得很累、很紧张，缺乏乐趣。因为，这样的人会经常遇到许多"庸人自扰"的事情。比如说，别人很随意说的一句话、干的一件事，也许并没有什么其他目的，但对于那些所谓的精明者就会浮想联翩，晚上回到家里，躺在床上也要细细琢磨，生怕别人有什么阴谋会使自己吃亏。这种人往往最被人看不起，甚至会招致他人的冷言讥讽。

相反，如果能够在生活中与人为善，以宽大的胸怀待人处世，尽量不去与他人计较琐碎的利益，做到目光长远、宽容大度，为自己和他人营造出一个良好的生活、工作、学习氛围，这样的人怎么会不处处受到别人的敬佩和欢迎呢？

归根结底一句话：不同的为人处世原则导致不同的人际关系的产生。所以，在人际交往中还是要本着"宽以待人、胸怀大度"的原则，吃点小亏未必是坏事，适当"让利"，吃点小亏，多做一些力所能及的事，不仅体现了你的能力，也会加深你和他人的感情，"将欲取之，必先予之"，这也是一种高明的处世方法。一辈子不吃亏的人是没有的，问题在于我们如何看待"吃亏"。

有的人与他人关系不好，就是因为过于计较自己的得失，甚至是锱铢必较，总是争求种种"好处"，时间久了难免惹周围人的反感。而那些暂时得到的利益未必能带给你多大的好处，反而弄得自己心神疲惫，还失去了良好的人际关系，得不偿失。如果对那些不会影响自己前程的好处多谦让一些，这种豁达的态度无疑会赢得人们的好感。

为人处世，你来我往，无法做到绝对公平，总是会有人吃点亏的。倘若人们强求世上任何事物都公平合理，那么，所有生物链一天都无法生存——鸟儿就不能吃虫子，虫子不能吃树叶，世界就得照顾万物各自的利益。既然吃亏是无法避免的，何必要去计较不休、自我折磨呢？

事实上，人与人之间总是有所不同的。别人的境遇如果比你好，无论怎样抱怨也无济于事。最明智的态度就是避免与人进行比较，而应该将注意力放在自己身上，"他能做，我也可以做"。

一个人想把生活过得快乐，舒适，单靠东捞一点，西占一点地算计别人是徒劳的。我们生活得是否轻松愉快，很大程度上要靠真诚、信赖、友好，碰到困难互相帮助，有了好处共同分享。这就要求我们每一个人都不必太精明，不用担心自己失掉些什么。需要的是相互谦让、奉献，关系融洽和睦比什么都好。不太精明的人容易和大家成为朋友，就因为大家可以正常相处，少有功利主义色彩，又不必处处抱有戒心，才有温情，有安全感。

心灵悄悄话
XIN LING QIAO QIAO HUA >>>

在生活中，许多人并非真的糊里糊涂过日子，他们是简单的智者，是聪明人。一个智者是不会患得患失的，也不会困在世俗的鸡毛蒜皮之事中无法自拔，这样的人心胸开阔、为人豁达，他的人生也一定会更有意义、更有价值。

不要太工于心计

人活在世上最根本的两点就是做人和做事，把人做好是把事做好的基础，把事做得好则是人做得好的直接体现。怎样做人的态度决定着做事的原则和取向。一个不会做人的人，不论他如何投机取巧，也不论他付出怎样的努力，其结果总会适得其反！

从前，有个商人买了许多盐，驮在驴背上，驴不小心掉进了小河里，盐被河水溶化了，上岸后只剩下空空的袋子，驴感到很轻松。过了不久，商人又让驴子去驮盐，当经过小河的时候，驴子故意掉进了河里，它又一次轻轻松松地回了家。商人发现后很是恼火，第三次的时候给驴装了两袋子海绵。驴子再次故意掉进河里，结果它差点被淹死。这是一个流传了很久的寓言故事。这个故事讽喻了自作聪明，最终给自己带来加倍惩罚的"蠢驴"。

一些喜欢玩心计的人，自以为工于心计能显示自己的聪明，其实是最大的愚蠢。汉代的刘邦能够战胜项羽的原因有很多，工于心计便是其中一条。但是，他肯定没料到，自己虽得意于一时，却也给后人留下了一个不佳的口碑。刘备当着赵云的面摔阿斗也是工于心计，是谋求他人对自己的信任与忠心，使自己获得更大的利益。这些实际上是对他人情感的一种欺骗，不是光明磊落的为人处世的态度。如果人人都热衷于此，这个世界就毫无真诚可言了。

然而，"心计"却并非纯粹是贬义词，工于心计不好，但并不是说

人生在世完全不需要心计。应该说只要不是以欺骗与愚弄他人为前提的心计，还是多多益善的。因为人际关系错综复杂，不多动些脑子，多想些法子是不可能处理好的。

在现实中，竞争是激烈的。如果太工于心计，把心思放在"算计别人"上，是一件费时、费力，而且不道德的事情。这样做的最终结果是两个字——失败。例如，《红楼梦》中的王熙凤，在贾府算是一个精明之人。在一个复杂的环境里，势必要工于心计，才能生存。所以，为了巩固自己在贾家的地位，王熙凤很清醒地对各色人采取不同的策略。对贾母顺承，对王夫人听从，对邢夫人应对，对地位高的大丫鬟称姐道妹，对下人严厉，对没地位的妾苛刻，对情敌"死磕"甚至置之死地而后快。结果，"机关算尽太聪明，反误了卿卿性命"，最终落得个草席加身、不得善终的悲惨结局。

孙膑曾与庞涓一起师从鬼谷子学习兵法。庞涓下山后，投奔魏国，得到魏惠王的宠信，被任为将。庞涓自忖才能不及孙膑，害怕他下山到魏国后影响自己的前程，更担心他到别国后成为自己的对手，于是决定设计陷害孙膑。不久，庞涓派人上山，以同朝为官为由，劝孙膑赴魏。孙膑不知是计，欣然允诺。不料一到魏国，便落入了庞涓的圈套，被诬告私通齐国。魏惠王听信庞涓谗言，无端处孙膑以膑刑，挖掉了他的两块膝盖骨，使之终身残疾。按当时的惯例，刑徒是不能为官的。庞涓试图以此断送孙膑的政治前途，消除一个潜在的对手。

然而事情并未如他所愿。孙膑虽身处危境，却显示出卓越的智慧。他佯狂自晦，并设计归齐，得到大将田忌的赏识；又通过著名的"田忌赛马"显露出惊人的才华，得到齐威王的器重，被任为齐国的军师。

公元前354年，齐国应赵国之请，以田忌为将，孙膑为军师，率军击魏救赵，伏击庞涓大军，取得"桂陵之战"的胜利。12年后，魏国攻打韩国。齐威王采纳孙膑"深结韩之亲而晚承魏之弊"的建议，再次以田忌为将、孙膑为军师，出兵救韩。孙膑依然采用围魏救赵的计

策，痛击魏国10万大军。智穷力竭的庞涓在马陵愤愧自杀。

　　为人处世要有心计，在某种意义上来讲是一个人聪明的表现，但需要强调的是：聪明是一笔财富，关键在于怎样使用。那些脱离正道的聪明，最终带来的只能是悲惨的结局。

心灵悄悄话
XIN LING QIAO QIAO HUA >>>

　　万花筒般的世界处于不断地变化之中，没有心计是应付不了的。这种平平和和的心计与蓄意险恶的心计完全不是同一个概念。

给人一点笨拙感

当今世界变化之快，我们免不了有时会跟不上时代的节拍，可是，如果硬要戴上时髦的面具去拔高自己的档次，一定会把自己搞得非常狼狈。世界并不是一下子就能看透的，毕竟我们的视野有限，如果硬要拿愤世嫉俗的感慨来掩饰自己的浅薄，演出的也一定会是蹩脚的闹剧。

把自己看得太聪明的人，往往会被生活嘲弄，而把自己看得笨拙些的人，或许还会给人们一个惊喜。承认自己笨拙的人很容易放下什么都懂的假面具，有勇气袒露自己的无知，毫不忸怩地表示自己的疑惑，不再自命不凡、自高自大，从而培养起健康的心态。

在生活中，我们应该保持一颗平常心，坦然面对一切。如果小有成就，也不需太得意；遇到挫折，也不要消极失望。"不以物喜，不以己悲"的心态，使你会更加关注自己的工作，并集中精力做好它。此外，做人不可自以为是，做事切忌急于求成。事业的成功需要一个水到渠成的过程，而急于求成可能导致功败垂成。

拿破仑是从炮兵干起的。卓别林是从跑龙套开始的。人的成长都是需要一个过程的。这个过程不是任何文凭、学位可以缩短或替代的，否则就会出现断层，会成为空中楼阁。"没有人能够随随便便成功"，这是一句歌词，也是一条真理。"随便"是指浮躁、空想，只有去掉这些，发扬务实的精神，万丈高楼才能拔地而起。初入社会是一个人的品质和生涯定格的时期，如果你能在这个时期发扬务实的精神，扎扎实实地练就基本功，还有什么能阻碍你成功呢？越是那些别人不屑去做的事

情，越要做好，只有从小事做起，才能打好基础，培养起处理大事的能力。

有笨拙精神的人，可以很容易地控制自己心中的激情，避免设定高不可攀、不切实际的目标，也不会凭着侥幸去乱碰，不敢为了玩潇洒去放纵，而是认认真真地走好每一步，踏踏实实地用好每一分钟，并甘于从不起眼的起点出发，还能时时看到自己的差距。那份笨拙感，催发出的是实实在在的上进。

那些把自己看得笨拙些的人，他们可以毫无顾忌地袒露自己的无知，可以毫不扭捏地表达自己的疑惑。未被污染的纯真好奇，激荡起的是真切痴情的向往。那份笨拙感，唤起的是明明白白的找寻。

笨拙是解脱巨大心灵打击的巧妙安慰，更是要求自己振作的强硬理由，那份笨拙感，带给人的是不骄不躁的清醒。把自己看得笨拙些，使人能够坦然处世，同时平静自省。如果成功了，因为笨拙的显影，没有情绪得意；如果失败了，因为笨拙的反衬，也没必要太失望。

做人不要太精明，把自己看得笨拙些，不是拿自卑削弱斗志，更不是用软弱替无为辩解，而是从笨拙出发开创一个不笨拙的境界。而自作聪明是最不明智的选择，正如一句话所说的，你想"了不起"，其实是"起不了"。我们是时代的弄潮儿，就该学会这个。

心灵悄悄话
XIN LING QIAO QIAO HUA >>>

笨拙不会使人头脑发热、盲目自信、赤膊上阵做傻事，它让人遇事三思，看好了再动手。不轻易冒险，冒了险就要有收获。

欺骗别人就是欺骗自己

著名的美国总统林肯有段名言：你可以在某一时刻欺骗所有的人，也可以在所有的时刻欺骗某一些人，但你永远不可能在所有的时刻欺骗所有的人。

欺骗只要被一个人识破，很快便会被世人识破。而且欺骗对自己的蒙蔽与伤害，远胜于他人。

一个人要想在某一方面成功，不需要说谎，不需要利用，只要言行一致，虚怀若谷，贯彻正确的人生观，脚踏实地干下去就行了。倘若丢掉了良知和责任，天堂瞬间就变成了地狱。

诚实是财富。我们无法想象与一个满嘴假话的人生活在一起的情形；同样，要想得到别人的真诚，就必须先守住自己做人的根本——诚实。在商品经济高度发展的今天，许多人经受不住金钱的诱惑，诈骗他人，不择手段地达到个人的目的。在他们腰包鼓起的同时，是否感到一个人的悲哀呢？因为他们已经失去了做人的根本。

诚实不仅是一种美德，而且有可能使你得到意想不到的收获。不诚实的人不能信任，更不能委以重任。你永远得努力分辨他是不是在骗你。这里给大家讲一则寓言故事：

从前，有一位贤明而受人爱戴的国王，把国家治理得井井有条，人民安居乐业。国王的年纪渐渐大了，但膝下并无子女，这件事让国王很伤心。终于，他决定在全国范围内挑选一个孩子收为义子，培养成自己的接班人。

国王选子的标准很独特，他给孩子们每人发一些花种子，宣布谁如果用这些种子培育出最美丽的花朵，谁将成为他的义子。

孩子们领回种子后，开始了精心的培育，从早到晚浇水、施肥、松土，谁都希望自己能够成为幸运者。

有个叫雄日的男孩，也整天用心地培育花种。但是十天过去了，半个月过去了，一个月过去了，花盆里的种子连芽都没冒出来，别说开花了。

苦恼的雄日去请教母亲，母亲建议他把土换一换，但依然无效，母子俩束手无策。

国王决定的观花日子到了。无数个穿着漂亮衣裳的孩子涌上街头，他们各自捧着盛开鲜花的花盆，用期盼的目光看着缓缓巡视的国王。国王环视着争奇斗艳的花朵与精神焕发的孩子们，并没有像大家想象中的那样高兴。

忽然，国王看见了端着空花盆的雄日。他无精打采地站在那里，眼角还有泪花，国王把他叫到跟前，问他："你为什么端着空花盆呢？"雄日抽咽着。他把自己如何精心摆弄，但花种怎么也不发芽的经过说了一遍，还说，他想这是报应，因为他曾在别人的花园中偷过一个苹果吃。没想到国王的脸上却露出了最开心的笑容，他把雄日抱了起来，高声地说："孩子，我找的就是你！"

"为什么是这样？"大家不解地问国王。

国王说："我发下的花种全部是煮过的，根本不可能发芽开花。"捧着鲜花的孩子们都低下了头，因为他们全都是另找种子播下的。

从上面的故事可以看出，诚实才是为人处世的基本原则。一个歪曲事实、隐瞒真相的人终究是要败露的。有一句古老的谚语说："一个人讲了一个谎言，就不得不讲更多的谎言去圆第一个谎。"

欺骗别人就是欺骗自己，欺骗自己的结局只能是害了自己。就像《伊索寓言》里"狼来了"故事中的牧羊人一样：

有一个牧羊人每天去森林里放羊，他觉得特别孤单，总想找个法子使自己开心。一天，他突然大叫起来："狼来了，狼来了，快来救我呀！"在附近田里干活的农民都放下手中的活儿，赶紧拿着棍子跑来。见到这种情况，牧羊人哈哈大笑，说道："狼已跑了。"

第二天，他又这样叫起来。当农民们又跑来救他时，还是没见到狼，只好回去了。从此以后，牧羊人常常以此取乐。有一天，真的来了一只狼，牧羊人开始大声呼救起来，但没有任何人赶来帮忙。大家都以为，他像平常那样欺骗大家。最后牧羊人被狼吃掉了。

古往今来，凡在学识上有成就的人，无不是诚实的。爱因斯坦小时候学习成绩特别差，但他勇于提出一些看似愚昧的问题；马克思对于历史、哲学和政治经济学的研究工作也始终是实事求是的，为我们诚实做学问树立了光辉的榜样。但眼下如何呢？学生中有的抄作业，有的考试作弊……成人间尔虞我诈，朋友之间可以相互欺骗，甚至于通过骗感情来达到骗钱的目的……这些人是否感到可悲呢？

诚实，是中华民族的传统美德，它造就了一代代优秀的炎黄子孙。在今天，它应是我们做人的根本、处事的原则和求知的唯一途径。

心灵悄悄话
XIN LING QIAO QIAO HUA >>>

哪个不诚实的人能获得永远的财富呢？作为一个诚实的人，即使没有多少物质财富，但起码可以做一个精神上的富有者！

不要说你比他更聪明

有一位先哲说得好："如果你要得到仇人，就表现得比你的朋友优越；如果你要得到朋友，就要让你的朋友表现得比你优越。"这句话是很有道理的。因为当我们的朋友表现得比我们优越时，他们就有了一种重要人物的感觉；但当我们表现得比他们优越时，他们就会产生一种自卑感，由羡慕进而产生嫉妒。

有一位年轻的律师参加一个重要案子的辩论。在辩论中，最高法院的法官对年轻的律师说："海事法追诉期限是 6 年，对吗？"律师愣了一下，然后率直地说："不，海事法没有追诉期限。"

法庭内立刻安静下来，似乎连气温也降到了冰点。虽然年轻的律师是对的，对于法官的错误他如实地指了出来，但法官却没有因此而高兴，反而脸色铁青，令人望而生畏。尽管法律站在律师这边，但他却铸了一个大错，居然当众指出一位声望卓著、学识丰富的法官的错误。

这位律师确实犯了一个"比别人正确的错误"。在指出别人错误的时候，为什么不能做得更高明一些呢？要知道不少人都犯有武断、有偏见的毛病，不少人还有着固执、自负和嫉妒的缺点，他们都不愿轻易改变自己对事物的看法。

罗宾森教授在《下决心的过程》一书中说过一段富有启示性的话："人，有时会很自然地改变自己的想法，但是如果有人说他错了，他就会恼火，更加固执己见。人，有时也会毫无根据地形成自己的想法，但

是如果有人不同意他的想法，那反而会使他全心全意地去维护自己的想法。不是那些想法本身多么珍贵，而是他的自尊心受到了威胁……"

无论你采取什么方式指出别人的错误：一个蔑视的眼神，一种不满的腔调，一个不耐烦的手势，都有可能带来难堪的后果。因为你否定了他的智慧和判断力，打击了他的荣耀感和自尊心，同时还伤害了他的感情。他非但不会改变自己的看法，还要进行反击。这时，即使你搬出所有柏拉图或康德的逻辑也无济于事。

所以，永远不要说这样的话："走着瞧！你会知道谁是谁非的。"等于说："我会使你改变看法的，我比你更聪明。"——这实际上是一种挑战。在你还没有开始证明对方的错误之前，他已经准备迎战了。为什么要给自己增加困难呢？

英国19世纪的政治家查士德斐尔爵士曾这样教导他的儿子："要比别人聪明，但不要告诉人家你比他更聪明。"这真是句绝妙的话语。一般而言，如果让人们相信你比别人喜欢他，就应该做到比别人更深沉。在你的衬托下，他们会觉得自己了不起。

如果你还想知道一些有关做人处世、控制自己、加快人格成熟的知识的话，不妨看看本杰明·富兰克林的自传。他在自传中说："我立下一条规矩，决不正面反对别人的意思，也不让自己武断。我甚至不准自己表达文字上或语言上过分肯定的意见。我决不用'当然'、'无疑'这类词，而是用'我想'、'我假设'或'我想象'。当有人向我陈述一件我所不以为然的事情时，我决不立刻驳斥他，或立即指出他的错误；我会在回答的时候，表示在某些条件和情况下他的意见没有错，但目前来看好像稍有不同。我很快就看见了收获。凡是我参与的谈话，气氛变得融洽多了。我以谦虚的态度表达自己的意见，不但容易被人接受，冲突也减少了。我最初这么做时，确实感到困难，但久而久之，就养成了习惯。也许，50年来，没有人再听到我讲过太武断的话。这种习惯，使我提交的新法案能够得到同胞的重视。尽管我不善于辞令，更谈不上雄辩，遣词用字也很迟钝，有时还会说错话，但一般来说，我的意见还

是得到了广泛的支持。"

其实，富兰克林在这里并没有提出什么新的观念——这只不过显示了他人格成熟的重要标志：宽容、忍让、和善。

当你跟别人交谈的时候，千万不要以讨论不同的意见作为开始，而是要以双方意见相同的事情作为开端。在《影响人类的行为》一书中指出："当一个人说'不'时，他所有的人格尊严都已经行动起来，要求把'不'坚持到底。事后他也许会觉得这个'不'说错了，但是他必须考虑到宝贵的自尊心而坚持说下去。"因此，使对方采取肯定的态度，是一件特别重要的事。

这的确是一种非常简单的技巧，但却被许多人忽略了。很多人一开口就愚蠢地提出别人不能接受的事物，使别人立即采取反对的态度，反而弄得无法实现自己的目标。泄露真实的自己往往得不偿失，你应该养成善于隐藏自己的习惯。

心灵悄悄话
XIN LING QIAO QIAO HUA >>>

如果人们不经意地发现了事实——实际上你比表现出来的聪明得多，他们会更加佩服你，因为很少有人能谨慎地不去炫耀自己的聪明才智。

做人要有诚信

古人云："诚信乃做人的根本。"诚信的确是两个素不相识的人沟通的桥梁，仿佛将无数颗心连在了一起。中国传统文化中讲求"诚"——以诚待人；讲究"信"——"人无信不立"。诚信是指诚实守信，一言九鼎。可是随着社会的进步，经济的发达，诚实守信在人们心中反而变得越来越淡薄。这不能不说是社会的悲哀。

说话出尔反尔，尔虞我诈成为一些人炫耀自己精明的资本；而那些"刻板地"奉行诚信原则的人却常常被人讥笑为傻子。其实，奉守诚信的原则是做人之根本，只有做到了诚实守信，才能真正问心无愧。

诚信是做人的根本。大凡有所成就的人都视诚信如生命。诚信既是一种无形的力量，也是一笔无形的财富。诚信立业，诚信致富。一个成功的商人，一个成功的企业家，在创业之初，都需要经受诚信的考验。诚信支撑着生意越做越大，支撑着企业规模越来越大，实力越来越强。

世界船王包玉刚把讲信用看作企业经营的根本。他认为，纸上的合同可以撕毁，但签订在心上的合同是撕不毁的，人与人之间的友谊应该建立在相互信任的基础上。

在包玉刚的经商生涯中，奉行的是"言必信，行必果"。他为自己树立了良好的信誉，从而获得了银行的信赖，为企业的发展提供了坚强的资金支持。

在20世纪70年代末期，包玉刚决定进入房地产行业。房地产行业是风险与利润并存的行业，尽管利润较高，但风险也是相当大的。

1979 年，包玉刚看准时机，决定收购当时属于英国人的九龙仓。他与李嘉诚达成君子协议，他不干预李嘉诚收购和记黄埔，李嘉诚则不干预他收购九龙仓。然后，包玉刚开始在二级市场上大量买进九龙仓股票。没多久，英国人发觉股票出现异常波动，为了防止九龙仓被收购，赶紧采取了反收购的办法，调集许多资金把九龙仓的股价越炒越高。

最后，包玉刚还需要 30 亿港元的资金才能实现收购控股的计划。原九龙仓的几个英国大股东认为，包玉刚已经没有资金了，因为 30 亿港元对他来说完全不可能筹集到，因此，也就认定包玉刚根本不可能再收购九龙仓了。当时，包玉刚自己也对媒体说，现在的股价太高，收购太困难了，自己暂时想出去玩玩。接着，他真的坐飞机离开香港去欧洲休假。从周一到周五，媒体一直追踪报道包玉刚的游玩信息。大家都认为包玉刚已经放弃了收购计划。但是，在周六和周日两天，包玉刚却不知去向了。

到了周一，包玉刚却带着 30 亿港元资金又杀回了香港股市，一举收购了九龙仓，成为九龙仓第一大股东，轻松实现了收购控股的计划。

原来，"失踪"的那两天里，包玉刚分别请了几个银行家吃饭，凭借自己的信誉，轻轻松松地获得了这些银行家的贷款。正是长期建立起来的诚信让包玉刚在这场收购大战中获得了胜利。

香港首富李嘉诚说："一个诚信的开始意味着一个良好信誉的开始，有了信誉，自然就会有财路，这是必须具备的商业道德。就像做人一样，忠诚、有义气，对于自己说出的每一句话、作出的每一个承诺，一定要牢牢记在心里，并且一定要保证做到。当你建立了良好的信誉后，成功、利润便会随之而来。"李嘉诚不仅财富超人，而且被誉为诚信超人。

李嘉诚在创业初期资金极为有限。一次，一位外商希望大量订货，但他提出的条件是需要富裕的厂商作保。李嘉诚努力跑了好几天，仍一

无着落，但他并没有捏造事实或是含糊其词，而是一切据实以告。那位外商深为他的诚信所感动，对他十分信赖，说："从阁下言谈之中看出，你是一位诚实君子。不必由其他厂商来作保了，现在我们就签约吧。"

面对这样一个好机会，李嘉诚感动之余还是说："先生，蒙你如此信任，我不胜荣幸。但我还是不能和你签约，因为我的资金真的有限。"外商听了，极佩服他的为人，不但与之签约，还预付了货款。这笔生意使李嘉诚赚了一笔，为以后的发展奠定了基础。由此，李嘉诚也悟出了"坦诚第一，以诚待人"的道理，并"刻板地"奉行诚信的原则，从而获得了巨大成功。

对于上面提到的两位家喻户晓的名人来说，他们深深懂得诚信的含义，他们"刻板地"奉行诚信的原则，而诚信也给他们带来了无穷的财富。

每个人在生活中都会遇到"诚信"或"不诚信"的事。诚信给人愉快的感觉，使人与人之间的关系变得亲切、融洽；相反，不诚信则会给我们带来失望、伤害，甚至是仇恨。所以，一个不诚信的人，一定不是一个向上、自信的人，当然，缺乏诚信的社会也不会是文明、和谐的社会。

心灵悄悄话
XIN LING QIAO QIAO HUA >>>

我国有句俗语叫"诚信是金"，说的是做人讲诚信，就像金子一样宝贵。自古以来，言行一致、表里如一、实事求是、讲究信誉就是人们追求的品格和德行。

吃点亏不算什么

古人云：用争夺的方法，你永远得不到满足，但用让步的办法，你可以得到比期盼的更多。

郑板桥是康乾年代"扬州八怪"之首，诗坛名士，书画名家，他康熙年间中秀才，雍正年间中举人，乾隆年间得进士。他任范县、潍县县令期间，重视农桑，体察民情，兴民休息，百姓安居乐业；逢灾之年，尽封积粟之家，开仓放粮，济民无数；他当官意在"得志则泽加于民"，因而体恤平民，改革弊政，勤政廉洁，"无留积，亦无冤民"，深得百姓拥戴。然而居官十年，他洞察官场黑暗，自觉大丈夫"立功天地，滋养生民"的抱负难以实现，于是辞官回到故里，靠卖书画为生。郑板桥以"吃亏是福""难得糊涂"为最高处世哲学，并身体力行。这两句饱含人生哲理、代表他毕生智慧的名句，虽历经三百多年，却依然脍炙人口。

放着官儿不当，在"聪明人"的眼里，这不是糊涂是什么？当官时，放着油水不捞，在"聪明人"的眼里，这不是亏大了吗？从古到今，聪明人何其多，他们争权夺利，生怕当傻子，生怕吃亏上当，处处精打细算、斤斤计较，无时无刻不在显示自己的聪明才干，处心积虑地执着追逐"权"与"利"。在他们眼里，郑板桥就是一个十足的"糊涂蛋"。

郑板桥说"吃亏是福"的时候，没说什么亏吃，什么亏不吃，多

大亏吃，多大亏不吃。但他在跋语中写道："满者损之机，亏者盈之渐。损于己则利于彼，外得人情之平，内得我心之安。既平且安，福即是矣。"在解释"难得糊涂"时，他又说："放一着，退一步，当下心安，非图后来福报也。"可见，郑板桥吃亏不是为获得报酬。自己受损失，有利他人，他人不嫉妒，自然对我心平气和；我没因为获得私利去损害别人，所以也心安理得。平安，就是福。

平民出身的郑板桥，不似所谓的"精明者"，他即使当官，也拿得起、放得下，十分洒脱。郑板桥当官时擅自开仓赈济黎民，明知会得罪大吏，会被罢官，但是"糊涂"的他，为了百姓却不顾凶险，做了让自己"吃大亏"的事；当看透官场腐败后，他不肯与贪官同流合污，做了让自己更"吃亏"的事，他宁愿辞官归田，卖画为生，清贫度日，也不肯与"聪明"的达官贵人狼狈为奸，享受肮脏的荣华富贵。郑板桥是清正廉洁、关心百姓疾苦的七品芝麻官，他的"吃亏是福"是为劝说文人雅士洁身自好、劝其弃恶扬善而写的。

有两个气球，一个好大喜功，总想胜人一筹。当看到同伴的个头和它一般大的时候，它很不服气，因此它努力吸更多的空气。为不使同伴超过它，它贪得无厌地吸食着气体，把躯体撑得又肥又大，皮肤薄得透明，显得光润有泽。就这样，它还不满足，又把自己的气嘴扎紧，怕漏了一丝空气。当一只手来压迫它时，它仍不肯松口，结果它不堪重负，"砰"的一声破碎了。而另一只气球，不似同伴那样争强好胜，它吸食的空气并不太多，总是保持在自己能承受的范围内，它的肤色当然不如同伴那么光亮，气嘴扎得也不太紧，当那只手来压迫它时，它就毫不吝啬地释放一些空气，虽然损失了一些空气，但保全了自己，所以这只气球仍然健在。它刚开始的吃亏变成了后来的福。

在古代民间，百姓家的楹联常有"能守苦方为志士，肯吃亏不是痴人"的句子，这和郑板桥的"吃亏是福""难得糊涂"是相吻合的。

吃亏虽然意味着舍弃与牺牲，但也不失为一种胸怀、一种品质、一种风度。况且，一个人如若不择手段地追名逐利，在追逐的过程中也必将失去自己的人格与尊严。但是，吃亏并不是每个人都能轻易做到的，这需要能容忍，有气量。能吃亏，是宽容大度、忍辱负重、能屈能伸的表现。

能否吃亏，甚至于成为古人区分君子和小人的标准之一。被称为"清初三大家"之一的散文家魏禧曾经说过："我不识何等人为君子，但看每事肯吃亏的便是。我不识何等人为小人，但看每事好便宜的便是。"

"用'学吃亏'一语律己；以'怪不得'三字待人。"这也是明朝儒士薛敬轩所奉行的。在与人相处中不怕吃亏的人，总是想着别人的优点，在其天真、迂腐、软弱的背后，是一个广大，坦荡、宽容、不设防的世界。正因为如此，有些时候好人斗不过坏人，一次又一次地遭到坏人的暗算与偷袭。即便这样，贪图蝇头小利者最终将"聪明反被聪明误"，必然吃大亏。

没有人愿意选择斤斤计较的人做朋友，没有人愿意和唯利是图的人共事，也没有人看得上在琐事上纠缠不清的男人，更没有人瞧得起得理不让人的女人。

心灵悄悄话
XIN LING QIAO QIAO HUA >>>

不怕吃亏的人，不但不会真的吃亏，还会换来"桃李不言，下自成蹊"的结局，并会生活在轻松、自在、愉快之中，在一种平和自由的心境中感受到人生的美好。

幸福就是少计较

幸福者，并不是拥有的多，而是计较的少。太过于计较、在乎得失，便会产生欲望与不满足。人的欲望是没有尽头的，即便你用一世的执着去追求，也不会有圆满的那一天。因为，拥有的再多，也不能拥有世界。相反，在欲望的引导下，你永远都不会满足，永远都有遗憾，最后一步一步走向深渊，再也无法看到触手可及的幸福。

一棵幼松，只有不计较山石的险恶，才终将盘根错节，伸展枝叶笑迎风雨雷电。一颗种子，只有不计较土地的贫瘠，努力延伸自己找到水分和营养，才能破土而出、掀翻巨石、拥抱阳光和新生。一株牵牛花，只有不计较自身的柔弱，依附枯树栅栏盘旋而上，才能绽放成枯枝尽头的一抹绚烂。这是生命的奇迹，也是幸福的秘密。

有一个人，他生前善良且慷慨，一生帮人无数，所以在他死后便升上了天堂，做了天使。他当了天使后，仍时常到凡间去帮助有需要的人，希望人们都能感受到幸福的味道。

一日，他遇见一个农夫。农夫的样子非常苦恼，他向天使诉说："我家的水牛死了，没有它帮忙犁田，那我要怎么样播种呢？"

于是，天使赐给他一头健壮的水牛，农夫很高兴；连忙道谢。天使在他身上感受到了幸福的味道。

又一日，他遇见了一个商人。商人非常沮丧，他向天使诉说："我的钱都被骗光了，现没盘缠回乡了。"

于是天使给了他足够的路费，商人很高兴；天使在他身上感受到了

幸福的味道。

又一日，天使遇见一个诗人。诗人年轻、英俊且富有，妻子也美丽善良，但他却过得却并不开心。

天使问他："你不开心吗？我能帮你吗？"

诗人对天使说："我什么都有，只缺少一样东西，你能够给我吗？"

天使回答说："没问题。你要什么我都可以给你。"

诗人直直地望着天空说："我要的是幸福。"

这下可把天使难倒了，天使想了想，说："那好吧，我明白了。"然后天使转身把诗人所拥有的都拿走了。天使毁掉了诗人的容貌，拿走了他的才华，夺去他的家产和他妻子的性命。做完这些事后，天使便离去了。

直到一个月后，天使又来到了诗人的身边。此时的诗人饿得半死，衣衫褴褛地躺在地上挣扎。于是，天使把他的一切又还给了他，便离去了。

半个月后，天使再次去看诗人。这次，诗人牵着妻子的手，不住地向天使道谢。因为，他已经得到自己想要的幸福了。

可见，幸福并不是取决于得到的多少，而是我们自身对幸福的感知能力到底有多少。所以，你感受不到它，并不是因为它不存在，而是你被心中的不满足与欲望所迷惑了。

有一对姐妹，姐姐嫁给了有钱的商人，而妹妹嫁给了清贫的教书先生。

两年后，姐妹俩一起回到了娘家。姐姐衣着华丽，出手阔绰，但却掩盖不住内心的凄凉；妹妹衣着朴素淡雅，但笑容暖人，浑身洋溢着幸福的味道。

吃饭时，大家都很高兴。姐姐说："好久没这么热闹开心地吃顿饭了。"原来，姐夫整日忙着工作应酬，很少会在家里吃饭。所以，纵然

餐桌上是珍馐美味，姐姐吃得也不开心。

妹妹说："每天学校放学了，他就回家来我们一起做饭。吃饭的时候他也总把最好的菜夹到我的碗里。有时候，我为了减肥故意把肉夹到他碗里，他也会悄悄地夹回来，并笑着说，我最近血脂高了，不能再吃肉了……"

其实人生，一餐一饭，一觉一席，所需的并不多。所以，你拥有得再多，也不一定会给你带来幸福感。没有显赫的地位，只有一份稳定的工作；没有百万家产，只有一份够糊口的微薄收入；没有奢华的别墅，只有一个温馨的小窝；没有上流社会的潇洒挥霍，只有平凡人的淡泊闲适，只有常挂嘴边的一抹满足的微笑，只有心湖的一片安然的宁静，这便已足够了。

心灵悄悄话
XIN LING QIAO QIAO HUA >>>

当我们总是斤斤计较的时候，烦恼就会随之而来，不但失去了生活的快乐感，而且使生活变得复杂和繁重。

低调做人

也许在我们这个时代，大家对成功的渴望太急切了，以至于所有的人都希望找到一条成功的捷径。如此急切，甚至导致了心态扭曲，由"急切"变成了"急躁"。

事实上，因为"急躁"导致失败的事例不胜枚举。但是人们很少反思自己失败的原因，很少变换自己的思维方式。让我们冷静地思考一下，难道取得成功的办法就只有这一种吗？答案是否定的。高调出击，并不一定就意味着成功；相反，低调也并不一定就意味着失败。关注低调的理由是：它实际上可能是一种比高调更高明的策略。

"低调"含有"隐藏自己的能力，不显示出来"的意思。这其中蕴涵了一个前提：低调的人是有能力的，只是不显示出来罢了。佛家的禅语中有这样一句话："高高山顶立，深深海底行。"这大概是对低调最形象地描述了。低调意味着"高"，但同时是"深"藏不露，"高"是"藏"的前提，只有这样，才称为"低调"。正是这种"深藏不露"，使低调有了特殊的魅力。

低调具有的这种特殊魅力，如果你不留意，可能无法察觉。高调的事情更容易引起人们的注意，而低调却像一杯清茶，那抹幽香，只有你细细品味，才能发现其中的奥妙。

低调的人之所以低调，其实来自他对自己的正确认识。他的低调，决定了他的冷静。在低调者看来，骄傲是很荒谬的事情，因为无论自己过去做了什么，都不重要，而将来要做的事才是最重要的。过去的价值，仅仅在于它能为自己将来做什么提供参考和借鉴。所以，低调者永

远不会傲慢、自负，因为他没有傲慢和自负的理由。他总是很谨慎地看待自己的成就和能力。他知道，自己的成功，离不开这一切外在的条件，自己仅仅是其中的一个因素而已。

低调是一种古老的智慧。古汉语中，"智"与"知"本是同一个字，可以互相通用。知识与智慧存在着密切的关系，"无知"当然就不可能有智慧，而大智慧必然与丰富的知识联系在一起。

在中国的历史上，舜是第一个被称为"大智慧"的人。

据史料记载，舜出生后不久母亲就离开了人世，后母生了一位弟弟叫"象"。

孝顺的舜尽管小心地侍奉后母，但还是遭到无数次的毒打。最后实在无法在家里待下去，舜选择了离家出走，一个人流落到历山脚下开荒种地。

舜与当地的农夫和山林中的鸟兽生活在一起，他观察周围的事物，一切都是那么温馨和睦。

他触景生情，创作了一首首感人的乐歌。他的德行影响了周围所有的人，农夫相互谦让已开垦好的农田，渔民相互谦让自己打鱼的场地，陶匠则做出了更加精美耐用的陶器。舜成为大家学习的榜样，人们从四面八方扶老携幼迁过来，希望和舜成为邻居。仅仅一年时间，他的周围就会聚成了村落；然后扩大为城镇。

后来天子尧将自己的两个女儿娥皇和女英许配给舜做妻子。这两位聪明美丽的妻子给了舜无穷的力量。"无知"的舜总能逢凶化吉，顺利通过了尧对他的能力所进行的考验。最后，尧将天子之位禅让于舜。

舜用低调的方式成为天子，那真是"大智慧"。舜的大智慧却没有使用什么心计，而是以"低调"来行事的。舜从未有意识地去获取民心，也没有处理复杂事务的任何知识。但是，他的纯朴、坚强、虚心保证了他最终取得所期望的胜利。舜的胜利也说明低调在智慧中具有不可

替代的作用。

其实，不仅仅是中国，世界上许多哲人都指出了这个道理。无论是伊斯兰教的圣人，还是基督教的圣人，无不认为"低调"是最接近智慧的，在通往智慧的道路上，低调是必须经过的道路。虽然说低调的人不一定都有智慧，但是有智慧的人一定是低调的。

心灵悄悄话
XIN LING QIAO QIAO HUA >>>

低调不仅能给人带来幸福，使人内心得到安宁，还可以将这种智慧运用到实践当中，帮助你完成现实中的事业。

微笑是有效的通行证

笑，最重要的是要自然、大方。微笑、轻笑、大笑都要出于自然。大笑不可以持续太久，不然的话不仅脸部肌肉受不了，礼仪也不允许。如果对任何人都报以轻笑，会使人误解这种笑的含义，让人感到莫名其妙，甚至会觉得自己被嘲弄。而微笑是最被所有人欣赏和接受的形式。

微笑是最有效的通行证。它能通向快乐，通向健康，甚至还能给人生还的希望。

西班牙内战时，哈诺·麦卡锡参加了国际纵队，到西班牙参战。在一次激烈的战斗中，他不幸被俘，被投进单间监牢。审讯他的人轻蔑的眼神和恶劣的态度，使他感到自己像是一只待宰的羔羊。

麦卡锡从狱卒口中得知，第二天自己将被处死。他的精神立刻垮了下来，恐惧占据了全部身心。他双手不停地颤抖着伸向上衣口袋，摸出一支香烟来掩饰自己内心的恐惧。这个被搜查过的衣袋，竟然还留下一支皱皱巴巴的香烟。因为手抖不止，他试了几次才把它送到几乎没有知觉的嘴上。接着，他又去摸火柴，但是已经被搜走了。

透过牢房的铁窗，借着昏暗的光线，麦卡锡看见一个士兵。对方没有看见他，当然，也用不着看他。因为自己不过是一件无足轻重的破东西，而且马上就会成为一具让人恶心的尸体。但他顾不得狱卒会怎么想，尽量用平静、沙哑的声音一字一顿地说："对不起，有火柴吗？"对方慢慢扭过头来，用冷冰冰、不屑一顾的眼神扫了他一眼，深吸一口气，慢吞吞地踱了过来，虽然脸上毫无表情，但还是掏出火柴划着火送

到了麦卡锡嘴边。

那一刻，在黑暗的牢房里，在那微弱又明亮的火柴光下，狱卒的目光和麦卡锡的目光撞到了一起。麦卡锡不由自主地咧开了嘴，对他微笑了一下。连他自己也不知道为什么会对他微笑，也许是因为两个人离得太近了，一般在如此面对面的情景中，人不大可能不微笑。不管怎么说，他微笑了。如同在两颗冰冷的心间，在两个灵魂间撞出了火花。麦卡锡的微笑产生了影响，在愣了几秒钟后，狱卒的嘴角开始不大自然地往上翘。

点着烟后，狱卒并未走开，他直直地注视着麦卡锡的眼睛，脸上露出了自然的微笑。而麦卡锡也一直保持着这种难得的微笑，此时他意识到对方不是一个士兵、一个敌人，而只是一个普通人。这时，对方也好像完全醒悟了一样，从另一个角度来审视麦卡锡，他的眼中流露出人性的光彩，探过头来轻声问道："您有孩子吗?""有，有，在这儿呢!"说着麦卡锡用颤抖的双手从衣服口袋里掏出皮夹，拿出他与妻子、孩子的合影给对方看，这时对方也赶紧掏出他和家人的照片给麦卡锡看，并说："出来当兵一年多了，想孩子想得要命，要再熬几个月，才能回一趟家。"麦卡锡听着，泪水不住地往外涌，他对狱卒说："你的命可真好，愿上帝保佑你平安回家，可我再也见不到我的家人了，再也不能亲吻我的孩子了……"他边说边用脏兮兮的衣袖擦着眼泪、鼻涕。

狱卒的眼中也充满了同情的泪水。忽然，他的眼睛亮起来了，他把食指贴在嘴唇上，示意麦卡锡不要出声，然后机警地、轻轻地在过道上巡视了一圈，又踮着脚尖跑过来。他掏出钥匙打开了麦卡锡的牢门。此时麦卡锡的心情万分紧张，紧紧地跟着狱卒贴着墙走，一直走出监狱的后门，又走出了城。之后，狱卒一句话也没说，转身往回就走。麦卡锡的生命就这样被一个微笑挽救了。

微笑可以表现出温馨、亲切的意思，能缩短双方心灵的距离，给对方留下美好的心理感受，从而形成融洽的交往氛围。它能产生一种魅

力，使强硬者变得温柔，使困难变得容易。可以说，微笑是人际交往中的润滑剂，是广交朋友、化解矛盾的有力武器。

面对不同的场合、不同的情况，如果能用微笑来接纳对方，可以反映出你良好的修养和挚诚的胸怀。而且微笑对于自己最大的好处，是可以在为自己营造良好人际关系的同时，促进个人的身心健康。

微笑是人良好心境的表现，说明心底平和，心情愉快；微笑是善待人生、乐观处世的表现，说明心里充满了阳光；微笑是有自信心的表现，说明对自己的魅力和能力抱有积极的态度；微笑是内心真诚友善的自然流露，说明内心的坦荡；微笑还是对工作意义的正确认识，表现出敬业的精神。

微笑是一种传导的力量，是一股输动的勇气。当你面对微笑的师长，就会增强攻克难关的力量；当你面迎微笑的医生，就会鼓起战胜病魔的勇气。如果你用微笑来面对每一个困难，自己的心情会处于最佳的状态，才智能得到充分的发挥。微笑，能让你从容自信地去解决任何难题。

微笑是情绪的感染剂，是生活的调色板。如果你忧伤悲戚时，微笑可以把欢乐带给你；当你面对一个个接踵而来的微笑时，你会觉得，世界原来是那么的赏心悦目。

每个人都不应该吝啬微笑，更不应该拒绝微笑。只有喜欢微笑的人，才能领略到人间的至亲至善，才可以感悟到世上的至乐至爱。

心灵悄悄话
XIN LING QIAO QIAO HUA >>>

敞开心灵的窗户，将微笑留下。当你真诚地由衷地付出微笑时，你会发觉，整个世界也在向你微笑！

第二篇 >>>

放下包袱，轻装前进

为了使我们的心情与心灵更加自由，更加惬意、轻松，我们应该卸下包袱，轻装前进。而这种超然的生活态度，只有在生活中经历了磨难与艰辛，并且经住了困难挫折的考验而取得胜利的人，才可以从锤炼中感悟生活的真谛。有了这种超然的生活态度，人生会变得更加快乐轻松。我们的生活也会变得越来越简单，越来越快乐。

心理累是因为人们背负了许多不必要的心理负担。负重跋涉，以至苦不堪言。只有放下包袱，轻装前进，才能一身轻松，从而焕发出奋斗和进取的激情。

简单生活，懂得放手

人，总是希望有所得，以为拥有的东西越多，自己就会越快乐。这一人之常情，迫使我们沿着获取的路走下去，总是想要牢牢地抓住点什么。直到有一天，我们忽然惊醒：我们的痛苦、困惑、无奈……种种的不快乐因素，都和我们的要求有关。我们之所以活得不自在、不快乐，都是因为我们渴望拥有的东西太多了，而且我们过于相信精诚所至、金石为开，结果不断地追逐，最后屡屡遭受失败。其实，万事万物，都离不开"缘分"二字，万万不可强求。只有以看山看水的心情来欣赏人生的风景，不计较得与失，才能活出真性情，享受生活的丰富多彩。

生活中，我们常常要在迫不得已的时候放弃一些东西。这是一个痛苦的过程，也是一个难以决断的过程。因为我们总是渴望着占有，害怕失去，所以不愿放手。但生活通常不尽如人意，它有时会逼迫你，使你不得不放弃手边的幸福，不得不放走事业上的机遇，甚至不得不抛下美好的爱情。因为只有放弃一些，你才能得到一些。因此，在生活中必须要学会放手，因为盲目的追逐、占有只会让自己变得执迷不悟，失去的反而更多，所以，不管在事业上还是爱情中，勇于放弃才是明智的选择。

一个老人在行驶的火车上，不小心把新买的鞋子弄丢了一只，周围的人都为他惋惜。可谁知那位老人不仅不伤心，反而把另一只鞋子也从窗口扔了出去，令人十分不解。这时，老人解释道："这一只鞋无论多么昂贵舒适，对我来说都没有用了，如果有人能捡到一双鞋，那说不定

还能穿呢!"显然，老人对自己的行为已有了价值判断：与其抱残守缺，不如断然放弃。

我们都有失去某件重要东西的时候，并为之心痛不已。究其原因，就是我们并没有调整好自己的心态去面对失去，没有从心理上承认失去，总是沉湎于已经不存在的东西，不愿放手过去。事实上，与其为失去而懊恼，不如正视现实，放下包袱。换一个角度想问题：你的失去，是他人的获得。普希金在一首诗中曾这样写道："一切都是暂时的，一切都会消逝；让失去的变为可爱。"不要为了已成事实的事情而悔恨，而要在适当的时候放手。只有你的心豁达了，你才能活得更加洒脱。

一个老和尚和一个小和尚一起下山化缘。走到河边，发现没有桥，只能淌着水过去。这时恰好河边的一个年轻美貌的女子也要过河，请求老和尚帮助。老和尚并没说什么，就顺便把女子背过了河。到了对岸，与女子分别后，两个和尚继续赶路。

过了很久，小和尚终于忍不住了，便问老和尚："师傅，佛祖说出家人不能近女色，你刚才竟然背那女子过河?"老和尚笑了笑说："哦，她啊，我早就放下了! 怎么你还一直背着吗?"

或许，老和尚这种该抱就抱、该放就放的坦然，正是我们所需要的。放手是一种睿智，它可以使我们的心灵得已安宁，还原我们的本性，使我们真实地享受人生。进退从容，得失无谓，必然会感受到生命中的种种美好。放手并不是毫无主见，随波逐流，更不是表面放下，内心依旧被那些事情牵绊，而是一种豁达、积极的人生态度。

一天，一个登山者突然从山上滑落，他拼命抓绑在自己手上的绳子，总算停了下来没有掉下去。山中大雾弥漫，上不见顶下不见底，他绝望地呼喊：上帝啊，快救救我吧。突然这时一个声音响起：我是上

帝，你希望我救你吗？那人大喊：是的，是的。上帝问：那你愿意相信我吗？那人连忙说：当然愿意。上帝说：那好吧，现在把你的手松开。

那人不禁一惊，心想这不是害我吗？然后，沉默了半天，始终没有松开手，仍然是紧紧地抓住拉住他自己的绳子。

结果，第二天，救援者只找到了这个人的尸体，他在夜里被活活冻死，而令救援者困惑的就是他紧紧抓着的绳子，离地面也不过3米而已。

人生犹如大海，深邃而又神秘莫测。我们每个人都在海边跑来跑去寻找着属于自己的美丽的贝壳，有的人只要看到漂亮的就统统揽在怀里，当他发现自己无法全部带走时便在取舍之间犹豫不决，不忍心放手任何一个。有的人只要找到一个或几个喜欢的就心满意足地离去了，因为他觉得人的一生，拥有这些，便已经足够了。所以说，不要去盲目地坚持，人生旅途上的负累太重，便无法欣赏路旁的风光景色，只有适时放手，我们才能活得更加洒脱。

心灵悄悄话
XIN LING QIAO QIAO HUA >>>

在生活中，我们应该学会放手。盲目地追逐、占有只会让自己变得执迷不悟，而且还会失去更多。所以，我们经常要为自己修剪掉一些枝枝丫丫，排除那些不必要的留意与顾盼，以便让我们的胸襟更豁达一些，眼光更长远一些，为实现自己人生的目标，也为使我们的生活更加充实美好。

张扬个性

保持自己的独特个性，正确地认识分析自己，扬长避短，就一定会赢得大家的尊重，同时也有助于开拓自己的事业。

当年，贝蒂·福特成为美国第一夫人时，她即以坦白直率闻名。当那些紧追不舍，又唯恐天下不乱的新闻记者问到她对各种问题的观点时，她总是直率而坦白地回答。有一次，一个冒失的记者甚至问她和丈夫做爱的次数，她竟能从容不迫地回答："尽我所能的多。"而且她也从不隐瞒有关她早期精神崩溃及服用药物、酒精等不怎么"光荣"的过去。福特夫人这种坦诚的个性赢得了美国人民的爱戴。

教皇保罗八世之所以到处受欢迎，大部分原因是他完全不掩饰的个性。他出身于贫苦的农家，一生都很胖，但他从不掩饰自己的外貌与出身。当上教皇后，有一次去拜访罗马的一所大监狱，在他祝福那些犯人时，他坦诚地说，他这一次到监狱是为了探望他的侄子。很多人都认为他是耶稣的化身，除了知道怎样分享别人的苦乐外，另一原因就是他"不戴面具"地生活。

不管无意或有心，我们每个人多少都在掩饰自己。尤其当我们在公众中生活或从事自己认为重要的事情时，"表演"痕迹就愈加明显，一切似乎都十分"完满""合乎规范"，个性却完全被淹没了。

从来到这个世界的那一刻起，我们便得到了家人及社会的关怀与关注，拥有了生存权、受教育权、发展权等基本人权，直到开始受教育，

没有人要求我们对这些恩赐进行回报，也没有人要求我们对家人、社会尽什么义务。但是，我们不可能一直都如此，当我们有了独立生存的能力时，必须对家人、社会尽一定的责任。这就客观地要求每一个人都寻找着在这个社会的立足点，选择奋斗方向，明确奋斗目标。而在实现这一目标的奋斗过程中，总会遇到这样那样的可预知和不可预知的问题，在寻找切实可行的方法的同时，保持自己独特的个性，以本色天性面世，坦然面对身边的人和事是非常重要的。

保持个性就是接受现在的样子，包括一切过失、缺点、短处以及我们的资产与力量，做到自我承受。但是，要认清这些否定面是属于我们，而不是等于我们。很多人坚决地认为它们等于"错误"，因而丢弃了健全的"自我接受"。或许你会犯一个错误，但这并不是说你等于一个错误；或许你不能适当而充分地表达自己，但这并不是说明你就是"不好"。

所谓个性就是自己独特的思维和行为方式。金圣叹是明末清初的一位文人，他满腹才学，却无心功名八股，安心做个靠教学评书养家糊口的"六等秀才"。在独尊儒术、崇尚理学的时风中，偏偏独钟为正统文人所不齿的稗官野史，被人称为"狂士""怪杰"。他对此全不在意，终日纵酒著书，我行我素，不求闻达，不修边幅。

清顺治十八年三月清世祖驾崩，哀诏传至金圣叹家乡苏州。苏州书生百余人以哭灵为由，哭于文庙，为民请命，请求驱逐贪官县令任维初，这就是震惊朝野的"哭庙案"。清廷暴怒，捉拿此案首犯19人，全部斩首。金圣叹也是为首者之一，自然也难逃灾厄，但他毫不在乎，临难时的《绝命词》，没有一个字提到生死，只念念不忘胸前的几本书，赴死之时，从容不迫，口赋七绝。《清稗类钞》记载，他在被杀的当天，写家书一封托狱卒转给妻子，家书中也只写有："字付大儿看，盐菜与黄豆同吃，大有胡桃滋味。此法一传，吾无遗憾矣。"

要接受真实的自己。我们绝大多数人一生中都没有机会赢得大奖，个性是天生的，是不能选择的。它虽然在后天可以得到优化和改造，但其基本的东西即性质是不会改变的。伟大的剧作家莎士比亚曾说过："你是独一无二的。"这是最高的赞美。

如果生命的大奖落到你头上，务必心怀感恩。但即使与它们失之交臂，也无须嗟叹。尽情去享受生活的小奖吧！

要脱下面具。你是否曾有过和某人一见面，便觉得心情愉悦，并有想和他进一步交谈的经历呢？其实博得人缘的秘密，除了实力这个因素外，就在于一个人是否有魅力。

个人魅力并非一朝一夕便能营造的。它由许多因素共同构成，但最重要的是用体谅别人的心去学习成长。如此，才能得到众人真心的喜爱。要达到这个目标，其实也不容易，先决条件就是"摘掉面具"，保持个性。

历史上凡是有思想的人都是个性十分鲜明的人。没有个性便没有创造力，更没有主见；没有独立的人格，也就不会有深邃的思想。每个人的个性都会有所不同，但保持自己独特的个性，正确地认识、分析自己，扬长避短，就一定会赢得大家的尊重，同时也有助于自己的事业。

心灵悄悄话

XIN LING QIAO QIAO HUA >>>

生活在世间，以本色天性面世，不费尽心机，不被那些无谓的人情客套、礼节规矩所拘束，能哭能笑，能苦能乐，泰然自在，怡然自得，真实自然。保持自己的个性特征，岂不是一件乐事！

该自私的时候要自私

自私并不可怕，可怕的是私欲太盛，利令智昏。也许有些自私的人自以为聪明，其实损人利己式的聪明实在是一种卑鄙的聪明。

完全消除自私是一种无法做到的理想。我们总是在做自己内心想做的事情，从这个角度而言，每个人都是自私的。自私是人类谋求生存的一种本能，但如果超出了一定限度，时时处处以自我为中心，以损公肥私和损人利己为乐事，一切围着自己想问题，绕着自己办事情，在满足其一己之私的过程中，不惜损害公益事业，妨害他人利益，则变得很可怕。

自私是人的本能，很多的行为都是以此为中心点而形成；依据性格、教育及生活经验的不同，自私表现在行为上也有不同的形式。

一种是"善"的形式。这种形式可以说是利人又利己，例如上班，一方面为老板做事，间接服务了消费者，一方面又赚了钱，可以养活自己及一家大小，满足生存上的需要。不过也有一些人只求利人而不求利己，像有些传教士深入不毛之地，为的只是帮助一些需要帮助的人，而自己的生活非但谈不上享受，甚至可说是自我虐待。在只为自己着想的世人眼中，这种人实在值得钦佩。

另外一种则是"恶"的形式。这种形式的自私是只求利己而不求利人的。如果只是利己而不伤人，那么这种自私还不算是"恶"，而有一些人的自私则是通过"伤人"来"利己"，这才真的是"恶"！譬如抢夺、欺诈、陷害、背叛，更严重的还有杀人放火，危及他人的生命等行为都是损人利己的恶行为。

危及生命的事你碰到的概率应该微乎其微，但人的自私行为你却不时会碰到。那么，要如何应对这些自私的行为，以营造双方和谐的关系，或得到他的协助与合作呢？

答案其实很简单，满足对方的私欲就是了。这里所说的"满足"并不是任其予取予求，无限制地满足他，因为人的欲望是无止境的。那么该如何去做呢？

消极地不去剥夺对方的利益，不管他是不是真的需要这些利益。积极地给予对方利益，只要他肯接纳，也就会满足你的所求。有很多皇帝要用重金笼络臣下；大老板发奖金给部属；而力能扛鼎的勇士，为了钱甘愿为手无缚鸡之力的主子卖命。除了金钱之外，职位也是一种利益，所以"升官"也可以收买人心，因为你满足了他的私欲。

不过，也有两件事需要注意：

不能一次就给对方充分的满足，可以由少而多，逐渐增加，不可由多而少，否则对方不但不感激你反而会怨恨你。

要不时丰富你的资源，让对方认为你还有很多"好处"，他们才会为了那些"好处"和你维持良好的关系；一旦"好处"没了，他们也就要离你而去了。如果真的碰到这种情形，你也不必慨叹，因为这是人性的必然，看看，对那些没落的贵族、失势的政客、潦倒的商人，还有多少人会去巴结讨好呢？

此外，也不能忽视人们在精神、心理层面上的"自私"。人都喜欢被尊重，你尊重他，那么一切都好说。

但如果你私心过重，人们见了你如同遇到瘟疫一般，唯恐避之不及；怕的人多了，就如过街老鼠一样，人人见之喊打。这样的人即便是比别人多捞了一些利益，也不会从社会的意义上获得真正的幸福；如果说他们也奢谈什么成功，充其量不过是鸡鸣狗盗的成功，没有任何值得骄傲和自豪的。

"点燃别人的房子，煮熟自己的鸡蛋。"英国的这句俗语，形象地揭示了那些妨害他人利益的自私行径。

　　自私自利者不管是以偷盗、贪污、索贿或挪用等手段把公共或他人的财产变成自己的，还是以权势捞取地位和荣誉，在别人看来，无疑都是不光彩的。尽管他们中还有些人用那些不义之财做本钱，开公司，搞生意，挣了大钱，成就了事业，有的还笑眯眯地做一些慈善之举，但他们仍然是不光彩的一族，虽然法律未审判他们，但受害的广大群众却在感情上给他们判了刑、定了罪。

　　如果你是这样的一个人，你的心灵还会安宁吗？你所拥有的人生在某种意义上和卑鄙的人生有什么区别？

　　当你在损公坑人的时候，只是在物质、权势或者声誉上肥了自己，暂时得到了一点实惠，而付出的却是人格和灵魂的代价。失去了纯洁美好的心地，你会从本来美好的人生境界跌到一堆垃圾上，不时嗅到发自灵魂深处的臭气。即使以后觉悟了而迷途知返，但心灵上沾的污点是永远抹不去的，它将伴随着你的终生，你终归是得不偿失的。

　　我们无法否认，人之所以为人的根本性的存在并不是这团肉，这副躯体外壳的存在，而是人之为人的精神、德行、人格的存在。抽去了后者，人与动物也就没有什么区分了。

心灵悄悄话
XIN LING QIAO QIAO HUA >>>

　　实现自己的理想的都是人之私欲使然。没有私欲是不正常的，有私欲而无度则更是不正常的。不损人利己，不损公肥私，这是最基本的私欲标准。

放弃忧虑

忧虑是身体给我们的一种提示，说明我们已不复平常，正尝试某些新的东西——也许正在冒一定风险，也许正试图推陈出新。而我们的忧虑只是出自担心自己无法完成某些新的尝试，担心自己会以失败告终。

人们有必要重新审视忧虑这一问题。忧虑是生命中不可回避的事实，但我们可以想办法控制它。因此，我们需要认真注意，能从忧虑中学到些什么。

我们常常会感到忧虑——当我们出错时，当我们无法有效利用时间时，当我们作出错误的决定和选择时，当我们将要取得成功时，当我们在发生改变时，当我们与人相见时，当我们在公共场所做演讲时，当我们成为企业要员时，当我们幽处独居时，当我们与人共处时，凡此种种，忧虑都可能会突然袭来。有些忧虑是与生俱来的，有些忧虑则是在我们冒险尝试时不期而至的。恰当地说，忧虑是人们思想中的某些因素作祟而导致的，对此，我们称之为期望模式。比如，人们在做某件事时，应该这样想："我希望我能把它做好"，而不是认为："我已经试过好多次了，只能如此。"

初出茅庐、颇具实力的花样滑冰运动员在参加大型比赛时，面对众多的摄像机镜头，开始时动作还能挥洒自如，可当他滑行到场地边，看到摄像机正记录着他的一举一动，竟不敢相信自己正在和一群顶尖选手同场竞技、共同角逐。面对无数注视的目光，顿时间他脑中空无一物，把技术动作忘到了九霄云外，只感到不断有忧虑袭来。又如，长期参加

训练的网球手在练习时会打得很棒，但如果参加正式比赛，动作往往会因怯场而发僵，变得很紧张，既不知道该怎样发球，也不知道该怎样接球，更不用说得分了。再如，长期被挫折困扰的游泳运动员在游到池边的转身处时，会突然想起以前的痛苦经历，转身后，动作突然会发生变形，再也无法游出好成绩。

可见，对成绩的担忧，对自身技术能力的怀疑，对比赛结果的过分关注，往往会妨碍运动员的正常发挥水平。脑子里充斥着怀疑、忧虑、焦躁和担心，必然会使他们的肌肉变得紧张，无法像平时那样正常做动作。比赛前，正常范围内的忧虑都能使人感到不适，想要呕吐，而如果发生上面的情况，必然会使他们无法应对比赛。

"我感到忧虑，是因为我不想比赛呢，还是因为我练得还不够？今天，我是不是最好不要做比较难的跳跃动作？"你也可以这样提醒自己："我感到忧虑，是因为我缺乏信心，还没有准备好比赛，还是因为我害怕失败？"更为关键的是，你必须学会反省："是不是我对忧虑的认识不正确，我有没有必要调整和转变自己的观念和看法？"这种对忧虑的重新阐释就如同在一幅已做好的图画上添入一些其他的色彩，重构整个画面，就会形成一幅新的图画。

假如调整是必须，你要有意识地作些改变，重新思考你对忧虑的认识和理解。否则，你将为忧虑所困，无法取得成功。你可以设想一下：你正驾驶一架飞机飞往另一座城市，当你飞行到一半的距离时，突然遭遇一个向下的俯冲，飞机开始下坠。这时，你仔细检查了飞机的各种仪表，在排除了机械故障和燃料不足等问题后，你断定是超重所致，因为你装了太多的包裹行李。这时，必须果敢地作出决断，将包裹扔出舱外，才能化解这场危机，飞机才有可能安全地飞向目的地。

其实，你的思维空间就常常被这些累赘的包裹所充填，它们拖累着你，是成功途上的障碍。大多时候，你并不需要学更多的东西，而只需将那些妨碍你不断向前发展的过时信念、态度和想法祛除。其中，在你思想中最难铲除的就是忧虑。如果内心深处感到忧虑，你的生活就会为

忧虑所困扰，行为就会为忧虑所拖累。如果你思维的文件柜中不作任何改变，那么你还是原来的你，不会取得任何进步。

我们需要倾听内心的悸动，湮灭思想中的不安。我们需要克制我们的忧虑。我们可以构建我们的思想，我们能按我们想要的方式感知事物，我们也能按所希望的那样付诸行动。我们可以将我们思想中滞留着的忧虑转变为信心，而选择的权力就掌握在我们每个人的手中。

对成功的忧虑是一个不容易理解的概念，但它确实存在，会形成某种潜意识，使我们付出高昂代价，却无法接近成功。内心隐藏着的忧虑会使我们的生活遭受创痛，与成功无缘。例如，经营人员可能会拒绝晋升，因为接受这一职位就意味着负更大的责任，过更为奔波的生活；运动员可能会忧虑成功，因为他不可能始终不败。在某种意义上说，失败意味着终结，因为为了成功我们必须始终保持住既有成果。有时，成功带来的压力会比从未取得成功时更令人难以承受。

征服忧虑的一种办法是把任务目标分解成一个个单元，看看你在每个单元中能做些什么。如果只盯着整个的宏大目标，难免会感到任务艰巨、无从入手，但如果你把注意力停留在某个具体环节上，自然会容易处置。你可以试着每天做一点，日积月累——比如，跑步时你可以试着先跑200多米，滑冰时你可以试着先完成半周跳。把赶超的目标定在比你略强的人身上，超越之后再定下一个目标。

心灵悄悄话
XIN LING QIAO QIAO HUA >>>

每个想要取得成功的人都会忧虑前进路途上的各种问题。但是，只有那些对付忧虑越来越得心应手的人，才会取得非凡的成就，因为他们深知，成功是一个不断向前的螺旋体，总会有各种反复需要克服。

摒弃自卑的心理

自卑消磨人的意志，软化人的信念，淡化人的追求，使人锐气钝化，畏缩不前，从自我怀疑、自我否定开始，以自我埋没、自我消沉告终，使人陷入悲观哀怨的深渊不能自拔，真是害莫大焉！

从前有个人，相貌极丑，街上行人都要回头多看他一眼。他从不修饰，到死都不在乎衣着。窄窄的黑裤子，伞套似的上衣，加上高顶窄边的大礼帽，仿佛要故意衬托出他那瘦长条似的个子，走路姿势难看，双手晃来荡去。

他是小地方的人，即使身任高职，直到临终，举止仍是老样子，仍然不穿外衣就去开门，不戴手套去歌剧院，总是讲不得体的笑话，往往在公众场合忽然忧郁起来，不言不语。无论在什么地方——法院、讲坛、国会、农庄，甚至于他自己家里——他处处都显得不得其所。

他不但出身贫贱，而且身世蒙羞，母亲是私生子，他一生都对这些缺点非常敏感。

没人出身比他更低，但也没有人比他升得更高。

他后来任美国大总统，这个人就是林肯。

一个人有这么大的弱点而不去补偿，难道也能取得林肯那样的成就吗？

原来，林肯并不是用每一个长处抵每一个短处以求补偿，而是凭伟大的睿智与情操，使自己凌驾于一切短处之上，置身于更高的境界。他只在教育方面，直接补偿自己的不足。他拼命自修来克服早期的障碍。

他孤陋寡闻，在20岁以前听牧师布道，他们都说地球是扁的。他在烛光和火光前读书，读得眼珠在眼眶里越陷越深；眼看知识无涯而自己所知有限，总是沮丧。在填写国会议员履历时，他在教育一项填的是："有缺点。"

林肯的一生没有沉浸在自卑中，而是对一切他所缺乏的方面进行全面补偿。他不求名利地位，不求爱情与婚姻美满，集中全力以求达到更高的目标，他渴望把他的独特思想与崇高人格里的一切优点奉献出来，造福人类。

心理学认为，自卑是由于一种过多地自我否定而产生的自惭形秽的情绪体验。其主要表现为：对自己的能力、学识、品质等自身因素评价过低；心理承受能力脆弱，经不起较强的刺激；谨小慎微，多愁善感，常产生猜疑心理；行为畏缩、瞻前顾后等。自卑心理可能产生在任何年龄段和各种各样的人身上，比如说，德才平平，生命仍未闪现出"辉煌"与"亮丽"，往往容易产生"看破红尘"的感叹和"流水落花春去也"的无奈，以至把悲观失望当成了人生的主调；经过奋力拼搏，工作有了成绩，事业上创造了"辉煌"，但总担心"风光"不再，容易产生前途渺茫、"四大皆空"的哀叹；随着年龄的增长，青春一去不回头，往往容易哀怨岁月的无情和生发出红日偏西的无奈，这种自卑心理是压抑自我的沉重精神枷锁，是一种消极、不良的心境。

自卑是一种消极的自我评价或自我意识，自卑感是个体对自己能力和品质评价偏低的一种消极情感。自卑感的产生，不是其认识上的不同，而是感觉上存在差异。其根源就是人们不喜欢用现实的标准或尺度来衡量自己，而相信或假定自己应该达到某种标准或尺度，如"我应该如此这般""我应该像某人一样"等。这些追求大多脱离实际，只会滋生更多的烦恼和自卑，使自己更加抑郁和自责。

自卑是人生成功之大敌。自古以来，多少人为自卑而深深苦恼，多少人为寻找克服自卑的方法而苦苦寻觅。强者不是天生的，也并非没有

软弱的时候，而之所以成为强者，在于他善于战胜自己的软弱。

一代球王贝利初到巴西最有名气的桑托斯足球队时，害怕那些大球星瞧不起自己，竟紧张得一夜未眠。他本是球场上的佼佼者，却无端地怀疑自己，恐惧他人。后来他设法在球场上忘掉自我，专注踢球，保持一种泰然自若的心态，从此便以锐不可当之势踢进了一千多个球。

球王贝利战胜自卑的过程告诉我们：不要怀疑自己，贬低自己。只需勇往直前，付诸行动，就一定能走向成功。

心灵悄悄话
XIN LING QIAO QIAO HUA >>>

每个人都或多或少存在着自卑。其实自卑并不可怕，可怕的是沉浸在自卑之中丧失了追求成功的勇气。

第三篇 >>>

简单处事，乐在糊涂

一个人要想在这个世界上获得成功，他必须表现得像个傻瓜，但并不是指真正的傻瓜。郑板桥有一句名言："难得糊涂。"区区四字，却道出了无数难以言喻的道理，富有以柔克刚、藏巧露拙、韬晦隐忍的深刻内涵，可谓精彩绝伦，孕育着大智慧。"难得糊涂"愈来愈成为为人处世、闯荡社会、遨游商海所必备的智慧锦囊。

人生难得"糊涂"。多点"糊涂"，就少点计较；多点"糊涂"，就少点尴尬；多点"糊涂"，就能多赢得别人的喜欢。

该"糊涂"时且"糊涂"

常常听到这样的话，说宽容是一味良药，它能消释心里的埋怨、愤慨，能扑灭隐藏的怒火硝烟，能使一个一味暴躁的人变得心平气和，能让一个充满仇恨的人变成纯洁的天使。

因为易怒、易妒，所以无法体味宽容，一直让自己在一个狭小的圈子里盘旋；因为狭小，无法品尝宽容的伟大，所以一直让自己像一只暴涨的气球，气鼓鼓地四处宣泄心里的余气。有的人一辈子都生活在自己的心里，让阴影一直笼照着自己，直到有一天自己变得再也不能呼吸。而有些幸运的人，在人生的旅途上能够及时找到这一味良药，给自己一方明亮的天空，从此不再斤斤计较而代之以平和一笑，不再对生活充满埋怨而代之以满足自聊。

男女朋友在恋爱时经常会因为太在乎对方而争吵，或是为了偶尔的迟到，或是为了没有及时回电话等类似很小的事情，结果往往因为太爱而伤害了对方，最终不欢而散。而当两个人退回到朋友身份时，因为对对方没有了苛求，却发现相处在一起是一件很美好的事情。

其实，这就是所谓的宽容。给彼此多一点空间，多一点原谅的理由，也许感情会长久许多。不要因为爱，给对方太多束缚，过早扼杀自己珍爱备至的感情。其实很难说清楚宽容到底是什么，它也许只是一时糊涂。世人都说"难得糊涂"，这也是前人在为人处事中所得出来的一个真理。

相传，战国时代的楚庄王，在爱妾被一位陪宴的将军调戏的情况

下，竟然也能假装糊涂，不追究犯上者的罪，遮掩了这位风流将军的罪过。

周定王二年（公元前605年），楚庄王经过艰苦作战，平定了叛乱之后，大摆酒宴，招待群臣，欢庆胜利，名曰"太平宴"。酒宴开始，庄王兴致很高，说："我已六年没有击鼓欢乐了，今日平定奸臣作乱，破例准许大家欢乐一天，朝中文武官员，均来就宴共同畅饮。"于是，满朝文武，与庄王欢歌达旦。

夜深之后，庄王仍然兴致不减，令人点起蜡烛，继续欢乐，并要宠妾许姬前来祝酒助兴。忽然一阵大风吹过，将灯烛吹灭了。这时，有一人见许姬长得貌美，加之饮酒过度，难于自控，便乘黑灯瞎火之际，仗着酒意暗中拉住了许姬的衣袖。许姬大惊，左手奋力挣脱后，右手顺势扯下了那人帽子上的系缨。许姬取缨在手，连忙告诉庄王说，刚才敬酒时，有人乘烛灭欲有不轨，现在把他帽子的系缨抓了下来，大王快命人点蜡烛，看看是哪个胆大包天的家伙干的。

谁知庄王听后，却对许姬说："赏赐大家喝酒，让他们喝酒而失礼，这是我的过错，怎么能为要显示女人的贞节而辱没人呢？"不但不追究，反而命令左右正准备掌灯的人说："切莫点烛，寡人今日要与众卿尽情欢乐，开怀畅饮。如果不扯断系缨，说明他没有尽兴，那我就要处罚他！"众人一听，齐声称好，等众卿全都扯掉了系缨之后，庄王才命令点燃蜡烛，不声不响地把那个胆大妄为的人遮掩了过去。

一个将领对自己爱妾的调戏，对于至尊无上的君主来说，无疑是极大的羞辱。这在当时的社会里，绝对属于大逆不道的犯上之举。可是楚庄王却能假装糊涂，原谅属下的过错。

这段"绝缨会"的千古佳话，如果没有后来的善报结尾，恐怕还是要逊色许多。

三年后，楚国与晋国开战。楚军中有一位勇士一马当先，总是冲在前头。楚庄王很奇怪，问他为什么如此拼命。勇士回答说："末将该死。三年前，我在宴会上酒醉失礼，大王不但不治我罪，还为我掩盖过

失，我只有奋勇杀敌才能报答大王。"

在这个故事中，楚庄王听说有人调戏爱妃，认为酒醉失礼是难免的，所以来个假痴不癫，故意让大家都扯断冠缨。楚庄王的宽容大度也得到了应有的报偿。他的这种"糊涂"真可谓一种富有远见的精明。

在这方面，宋太宗采取的"糊涂"态度可谓与楚庄王异曲同工。宋太宗时，孔守正官拜殿前虞候。一天，他在北陪园侍奉太宗酒宴，孔守正喝得酩酊大醉，就和王荣在皇帝面前争论起守边的功劳来，二人越吵越气愤，忘了下臣的礼节。侍臣奏请太宗将二人抓起来送吏部去治罪，太宗不同意，反让送二人回家。第二天，二人酒醒后，一齐到金銮殿向皇上请罪。太宗说："朕也喝醉了，记不得有这些事。"

太宗的"喝醉了"，体现了一位君主的宽广胸襟和豁达风度。其实这也是做人的学问。现代生活中的我们何尝不能从此受到启发呢？筵席上无君子，酒话无真言。太宗的"喝醉了"是明智之举，如果对臣子酒中之语都包容不下，怎能容得下举国百姓，又如何能治国安邦，广纳良言。喝醉了，"糊涂"了，就少了一点纷争，多了一份安宁，人与人之间也就少了许多摩擦，不会因一点利益而钩心斗角、心怀鬼胎，而是化干戈为玉帛。由此看来，该"糊涂"时且"糊涂"。用"糊涂"来宽容别人的失误是处事之道、做人之理，是一种生活的技巧、处世的窍门。

在生活中，与他人出现尴尬局面的时候，何不装一下糊涂，笑着踩完一路的泥泞；被名利场搅得人仰马翻的时候，何不装一下糊涂，坚持着自己走过去……当你真的做到糊涂的时候，你就已经找到了宽容的定义，以后的天空剩下的就只有彩虹了。

中国那句古训"大事化小小事化了"，在人际交往中还是非常起作用的。其实，我们每天遇到的矛盾，说穿了都是一些小之又小的小矛盾，大可不必非要弄个是非分明、你死我活。如果对小事稍稍糊涂一些，或者对之根本就视而不见，即使碰上了，如果能够用大度的心态宽

容对待，以"小事化了"的办法去处理，就什么烦恼都不会有了。是非对错并不是绝对的，何必一定要捅破呢？

为人处世，遇事都让人一步，此为高明之人。今日让人一步，即为日后进一步留下余地；待人接物报以宽厚态度的人，为最聪明之人。

心灵悄悄话
XIN LING QIAO QIAO HUA >>>

给别人方便，就是日后给自己方便。糊涂处世，不蒙蔽自己的良心，不做薄情寡义之事，凡事都做到问心无愧，对人宽容为先，方显真正智慧。

做人要小事愚，大事明

大智若愚，从某种意义上来说，就是小事愚，大事明。所谓愚，指的是故意装糊涂。对人，不必过于精明；对朋友，傻点更好。如果每一件事情都要精心算计，人为地弄复杂，让人感到其刁钻奸猾，便会敬而远之。这样精明的后果，只能以自己成为孤家寡人而告终。

在一次宴会上，主人引用了莎士比亚的一段话，讲述了一个非常有趣的故事。但这位主人却一口咬定此段话出自《圣经》。

"先生，您错了，那是莎士比亚说的。"一位客人霍尔先生当即否定。

"不可能！这一定是《圣经》里面的。这个我再清楚不过了！"那位先生立即反驳道，而且情绪非常激动。

坐在旁边的格林先生是一位学识渊博的古典学教授，对莎士比亚颇有研究，很快，他就成了为人们主持公道的人物。霍尔先生心里暗自高兴，想着这下就可以获胜了。然而出乎他意料的是，格林先生说："霍尔先生，您记错了，这位先生才是正确的，那的确是《圣经》里面的原话。"

宴会结束之后，在回家的路上，霍尔先生问格林先生："你明明知道我是正确的，却为什么故意那样说？"

"你当然是对的，"格林先生不假思索地说，"但是，今天我们受邀而来，作为客人，何必在这种事情上争论呢，那样只会让大家都不愉快，主人也会很尴尬。"

生活中，对于小事，谁对谁错并不重要，重要的是自己的身份与立场。如果我们总是斤斤计较，拘泥于细节，那么只会让大家都不好受。就像刚才那种情况下，就应该先为主人着想，保证整个宴会气氛的和谐，而不是争什么对错。何况，这种对错又是无关紧要的。所以，做人该糊涂的时候就要糊涂。

我们在工作中，争论在所难免。很多时候，我们都需要据理力争，来维护自己的利益，但是，更多的时候，与别人争论的都是非原则性的。面对这种情况我们就要考虑是不是该装糊涂，用恰当的方法使争论降温，而不是大事小事都要弄明白。真正聪明的人，面对这种情况，往往都是糊涂了事。

宋代宰相韩琦以品性贤良著称，遵循"得过且过"的生活准则，从来不曾固有胆量而被人赞许过，可是他在下面两件事上的神通广大，实在无人可比。这才是"真人不露相"的含义。对于这样的老好人谁会想要防范呢？他因此而得以在无声无息中做了很多意义重大的事。

当年，宋英宗刚死的时候，大臣们急忙召太子进宫，可太子还没到，英宗的手居然又动了一下，宰相曾公亮吓了一跳，连忙告诉宰相韩琦，想叫人不必再去召太子进宫。韩琦坚定地拒绝："先帝要是再活过来，就是一位太上皇。"于是，韩琦催促大臣们召太子，从而避免了一场权力之争。

有一个人叫任守忠，为人很奸邪、狡猾，秘密探听东西宫的情况，在皇帝和太后间进行离间。有一天韩琦出了一道空头敕书，参政欧阳修已经签了字，而参政赵概感到很为难，不知怎么办才好。欧阳修说："只要写出来，韩琦自然会有自己的说法。"果然，韩崎坐在政事堂，用未经中书省而直接下达的紧急文书把任守忠传来，让他站在庭中，训斥他说："你的罪过当斩，现在放你一马，贬官为蕲州团练副使，由蕲州安置。"于是，韩琦拿出了空头敕书填写上，派人当天就把任守忠押

走了。

　　要是换上一个爱耍权术的人，任守忠会轻易就范吗？当然不会，因为他也相信一贯憨厚得有些蠢钝的糊涂之人韩琦的说法，并一点都没怀疑其中有诈。这样，韩琦轻易除了害群之马，而仍然不失忠厚老实。所以说小事愚、大事明实在是一种人生的修为，也是一种做人的谋略。大智若愚的人总比别人有更多成功的机会。

　　人们都喜欢与简单老实的人交往，因为与这样的人交往会使人倍感轻松，不用耗费心机、防范戒备。这种人往往很有内涵，他们或许在小事上表现得糊涂不堪，但是在大事上绝对能看清形势，明白利益得失。这种人都有自己的观点和想法，甚至在某一个领域有很深的造诣。只不过，他们在为人处世方面却截然相反，以简单憨厚的一面示人，把过人的心智放在更有价值和更有意义的大事上面。

心灵悄悄话
XIN LING QIAO QIAO HUA >>>

　　人生在世，不必对什么事情都斤斤计较，过于算计。该糊涂的时候就要糊涂，该聪明的时候就要聪明。小事糊涂，到了关键的大事上，才可以表现出大智大谋。

大智若愚

人生是个万花筒，在变幻之中要用足够的智慧来权衡利弊，以防莫测变化。但有些时候，不如以静观动，守拙若愚。这种处世的艺术其实比聪明还要胜出一筹。聪明是天赋的智慧，糊涂是聪明的表现，人贵在能集聪与愚于一身，需聪明时便聪明，该"糊涂"处且"糊涂"，相机行事，随机应变。

老子大概是把糊涂处世艺术上升至理论高度的第一人。他自称"俗人昭昭，我独昏昏；俗人察察，我独闷闷"。而作为老子哲学核心范畴的"道"，更是那种"视之不见，听之不闻，搏之不得"的似糊涂又非糊涂、似聪明又非聪明的境界。人依于道而行，将会"大直若屈，大巧若拙，大辩若讷"，即大智若愚。中国人向来对"智"与"愚"持辩证的观点，《列子·汤问》里愚公与智叟的故事，就是我们理解智愚的范本。庄子说："知其愚者非大愚也，知其惑者非大惑也。"人只要知道自己愚和惑，就不算是真愚、真惑。

仅以三国时期为例，就有两场充满睿智精彩的表演，一是曹操、刘备煮酒论英雄时，刘备佯装糊涂得以脱身；二是曹爽、司马懿争权时，司马懿佯病巧装糊涂反杀曹爽。后人总语云："惺惺常不足，蒙蒙作公卿。"苏东坡聪明过人，却仕途坎坷，曾赋诗慨叹："人人都说聪明好，我被聪明误一生。但愿生儿愚且蠢，无灾无难到公卿。"为官可以愚，但为政须清明，不可混淆。

"难得糊涂"是糊涂学集大成者郑板桥先生的至理名言，他写道：

"聪明难，糊涂亦难，由聪明转入糊涂更难。放一着，退一步，当下心安，非图后来福报也。"做人讲聪明，无非想占点儿小便宜；遇事装糊涂，只不过吃点儿小亏。

郑板桥说过："试看世间会打算的，何曾打算得别人一点儿，真是算尽自家耳！"由此看来，世上最可悲悯的人，往往自我感觉不错，正是古人所谓"贼是小人，智是君子"之人，是那些有着君子的智力却怀持小人之贼心的人。为人处世与其聪明狡诈，倒不如糊里糊涂却敦厚。

郑板桥以个性落拓不羁闻名于世，心地却十分淳朴善良。他曾给其堂弟写过一封信，信中说："愚史平生谩骂无礼，然人有一才一技之长，一行一言为美，未尝不啧啧称道。囊中数千金，随手散尽，爱人故也。"以仁者爱人之心处世，必不肯事事与人过于认真，因而"难得糊涂"确实也是郑板桥自己襟怀坦荡的真实写照，并非一般人所理解的那种毫无原则，稀里糊涂。

糊涂难，难在于人私心太重，眼前只有名利，不免去斤斤计较。《列子》中有齐人攫金的故事。齐人被抓住时，官吏问他："市场上这么多人，你怎敢抢金子？"齐人坦言陈词："拿金子时，看不见人，只看见金子。"可见，人性确有这样的弱点，一旦迷恋私利，心中便别无他物，唯利是图，用现代人的话来说就是：掉进钱眼儿里去了！

心灵悄悄话
XIN LING QIAO QIAO HUA >>>

聪明与糊涂是人际关系范畴内必不可少的技巧和艺术，其本身并无优劣之分。太过聪明的人，学点儿"糊涂学"中的妙处，于己大有益处。得"糊涂"时且"糊涂"，是"糊涂学"的真谛，聪明人不妨一试。

才，在适当的时候展现

做人不要太复杂，也不要自作聪明，历来被推崇为高明的处世之道。做人切忌恃才自傲，不知饶人。锋芒太露易遭人嫉恨，更容易树敌。作为一个有才华的人，要做到不露锋芒，既能有效地保护自我，又能充分发挥自己的才华；不仅要战胜盲目骄傲自大的病态心理，凡事不要太张狂太咄咄逼人，更要养成谦虚让人的美德。所谓"花要半开，酒要半醉"，凡是鲜花盛开最娇艳的时候，不是立即被人采摘去，就是衰败的开始。

人生也是这样。当你志得意满时，切不可趾高气扬，目空一切，不可一世，这样你很容易就会被别人当靶子打。所以，无论你有怎样出众的才智，一定要谨记：不要把自己看得太了不起，把自己看成是救国济民的圣人君子，还是收敛起锋芒，掩饰住自己的才华吧。

郑庄公准备讨伐许国。战前，他先在国都组织比赛，挑选先行官。众将一听，露脸立功的机会来了，都跃跃欲试，准备一显身手。

第一个项目是击剑格斗。众将都使出浑身解数，只见短剑飞舞，盾牌晃动，斗来冲去。经过轮番比试，选出 6 个人参加下一轮比赛。

第二个项目是比箭。第一个项目取胜的 6 名将领各射 3 箭，以射中靶心者为胜。前 4 位有的射中靶边，有的射中靶心。第 5 位上来射箭的是公孙子都，他武艺高强，年轻气盛，向来不把别人放在眼里。只见他搭弓上箭，3 箭连中靶心。他昂着头，瞟了后面那位射手一眼，退下去了。后面的射手是胡子有点花白的颖考叔，只见他不慌不忙，3 箭射

出，连中靶心，与公孙子都射了个平手。

最后的选拔只剩下他们两个人了，庄公派人拉出一辆战车来，说："你们二人站在百步开外，同时来抢这部战车。谁抢到手，谁就是先行官。"公孙子都轻蔑地看了一眼对手便去抢车，哪知才跑了一半，公孙子都脚下一滑，跌了个跟头。等爬起来时，颍考叔已抢车在手。公孙子都哪里服气，便来夺车。颍考叔一看，拉起车来就跑。庄公忙派人阻止，宣布颍考叔为先行官。公孙子都怀恨在心。

颍考叔果然不负庄公之望，在进攻许国都城时，手举大旗率先登云梯冲上许国都城城头。眼见颍考叔大功告成，公孙子都嫉妒得心里发疼，竟抽出箭来，搭弓瞄准城头上的颍考叔射去，一下子把颍考叔射了个"透心凉"，从城头栽下来。另一位大将假叔盈以为颍考叔被许兵射中阵亡了，忙拿起战旗，又指挥士卒冲城，终于拿下了许都。

不露锋芒，可能永远得不到重任；锋芒太露却又易招人陷害。虽取得了暂时的成功，同时也为自己掘好了坟墓。当施展自己的才华时，也就埋下了危险的种子，所以才华显露要适可而止。

在旧时，锋芒太露而惹祸上身的典型就是为人臣者功高震主。打江山时，各路英雄会聚一个麾下，个个锋芒毕露，一个比一个有能耐。主子当然需要借这些人的才能实现自己图霸天下的野心。但天下已定，这些虎将功臣的才华不会随之消失，这时他们的才能就成了皇帝的心病，让他感到威胁，所以屡屡有开国初期杀功臣之事，正所谓"卸磨杀驴"。

韩信被杀，明太祖火烧庆功楼，无不如此。大家读过《三国演义》后可能注意到，刘备死后，诸葛亮好像没有大的作为了，不像刘备在世时那样运筹帷幄、满腹经纶、锋芒毕露了。刘备在世时，诸葛亮是不用担心受猜忌的，因为刘备离不开他，他可以尽力发挥自己的才华，辅助刘备打下一片江山，三分天下而有其一。

简约——简单做人情满怀

　　刘备死后，阿斗继位。刘备临终前曾当着群臣的面对诸葛亮说："如果这小子可以辅助，就好好扶助他；如果他不是当君主的材料，你就自立为君算了。"诸葛亮顿时冒了虚汗，手足无措，哭着跪拜于地说："臣怎么能不竭尽全力，尽忠贞之节，一直到死而不松懈呢？"说完，叩头直到流血。刘备再仁义，也不至于把江山拱手给诸葛亮。他说让诸葛亮为君，谁知道有没有杀他的心思呢？因此，诸葛亮一方面行事谨慎，鞠躬尽瘁，一方面则常年征战在外，以防授人"挟天子"的把柄。刘备死后他锋芒大有收敛，故意显示自己老而无用，以免祸及自身。这是韬晦之计。收敛锋芒是诸葛亮的大聪明。

　　当今社会，与人交往的技巧之一就是"故意装傻"，也就是不过分炫耀自己的聪明才智。其实做到这一点是非常不容易的，必须有很好的演技才行。然而，不是人人都可以傻得恰到好处的，如果没有掌握得恰到好处，反而会弄巧成拙。

　　其实，古代社会与现代颇有相似之处。一个人，如果锋芒毕露，大都不会有善终。一个不能融于集体的人。毕竟不能算是一个成功的人。李广之死，归根结底，与其锋芒毕露的性格和名声很有关系。作为一位具有非凡勇敢和机智，且能与士卒同甘共苦的将领，如果没有得到皇帝的认可、赞同，且被官宦形成的圈子排斥，那么他获得的民心和名声，对他反而是不利的。李广一生与匈奴进行七十多次战争，却未被封侯，就是最好的证明。做人虽然应该正派、刚正不阿，但大丈夫亦需要审时度势，把握机会，才能使自己不致落伍于时代。

心灵悄悄话
XIN LING QIAO QIAO HUA >>>

　　中国古语说得好，"枪打出头鸟"，"出头的椽子先烂"，因此，做人不要锋芒太露，这应该是为人之道吧！

做人含蓄一点

含蓄是一门艺术，更是聪明人的专利。说话含蓄，能给人机智、风趣、幽默之感；文章写得含蓄，即有耐人寻思、回味无穷之美妙。机智的含蓄，可使生活中免除几多尴尬、几多无奈；风趣的含蓄，不仅能消除误会、化解矛盾，还可以不露声色地探测对方的心路；带有幽默的含蓄，会使智者心照不宣地开怀大笑，一解忧愁和烦恼。戏剧艺术表演中的含蓄表现手法，既能令观者淋漓尽致地欣赏，回肠荡气地畅笑，又能收到此时无声胜有声的艺术效果。

含蓄的语言，只可意会，不宜穷究。以含蓄解含蓄是智者之间的较量。官场上的含蓄，一方面可收取丰厚的回报，另一方面又能拒绝他人于千里之外；商场上的含蓄，不仅能主动出击，赢得商机，又可使对方承受难以琢磨的心理压力；情场上，含蓄是恋人传递情爱信息最高明的招数，既可暗暗地射出丘比特之箭，又可准确隐晦地表露心迹，表达爱意。

有句俗话说：只打雷，不下雨。在生活中人们常用它来形容那种口号满天而办不了实事，不能兑现许诺的人。这种人热衷于"推销"自己，显摆自己，即使办了一点实事也不忘记大肆宣传一番，其结果也只是肤浅地流于形式。这种人往往只会给人留下"闹山麻雀无几两肉"的印象，不能树立起威信。相反，有的人则是没有雷声，却下起了绵绵细雨，悄悄地滋润了人们的心田。这种人处世以含蓄为贵，注重实际，不喜欢口头上做文章，而在人们心目中却有较高的威信。

简约——简单做人情满怀

有这么一则真实的故事：某局长想从自己手下提拔一名助手辅佐自己，考虑对象有两名：一个叫勇，一个叫松。勇得知这一信息后，拉张三结李四地鼓吹自己有政治远见，有谋略，有能力改变单位现状，并在总结会上大吹自己各方面的成绩。总之，他是尽量显示自己，以引起其他人的重视和注意。岂料，局长一句"像你这样能力太强的人，局里用不起"就打发了。相反，当局长找松谈心时，松只含蓄地说了一句"我在没做成功之前，不敢随便许诺"的话就赢得了局长的赏识，认为他讲实际、求实效，而勇却野心勃勃，过于炫耀，有办事浮躁之嫌。最后，局长理所当然地任用了松。

从上面这则故事可以看出：有时说话一句抵百句，有时费尽心机地想达到目的，倒不如顺其自然。而那种生怕别人不认识自己，去刻意渲染自己的人也常会造成许多不利后果。

一、言多必有失，行多必有误。上则事例中应该说勇的出发点是正确的，希望领导重视人才、大胆启用有作为的人。但是他过于急躁，说了一句"有能力改变单位现状"的失误之语。这句话说者无意，听者有心。可以想象局长会认为勇小看自己，认为只有他才能胜任局长职务。另外，勇走东窜西，想拉拢人心来推选自己。殊不知，这给大家造成一种勇"想升官"的逆反心理。松则慎重行事，顺其自然，反倒赢得了同事和领导的赏识。

二、给人造成威胁，进而远离你。过分显示自己长处，硬要表明自己比别人强的行为，往往会使周围的人产生一种压抑感和厌烦感，而不愿接近他。如果他偏要不知深浅地继续下去，最终只能是害了自己。

一群箭鱼遨游在蔚蓝的海洋里，它们锋利的嘴巴曾使凶猛的鲨鱼望而生畏。于是，它们便认为自己是海洋中最伟大的鱼种。

有一艘轮船从此经过，箭鱼的首领第一个冲上前去，傲慢地说："丑陋的怪物，你为什么不向我们这些伟大的鱼种敬礼呢？"轮船竟对它们视而不见，它们一个个恼羞成怒，纷纷朝轮船刺去，结果嘴巴都折

断了，变成了鲨鱼的美餐。

人要生存，就必须掌握一些本领，但更重要的是在掌握本领之后，能够保持平常的心态。得意忘形，只能品尝更加苦涩的果子。

三、过于了解你，以至失去了吸引力。人们常有这种感觉：对自己不太了解的人，往往会产生一种神秘的诱惑力，而对那些天天对自己发号施令或在自己面前经常活动的人，因为太了解而失去了吸引力。

因此，我们应"含蓄"做人，沉着冷静地面对各种考验，考虑问题要有深度，看人看事不能肤浅片面，不要轻易发表自己不成熟的主张。

心灵悄悄话
XIN LING QIAO QIAO HUA >>>

含蓄做人并不是说坐等机会，不去争取，而是说要采取正确的方式。面对竞争激烈的社会，当人们热衷于"推销自我"的同时，"含蓄"做人也正在为不少人所接受。

该沉默时一定要沉默

人们常说："沉默是金。"实际上这里指的是一种为人处世的态度，也是我们处理好人际关系的一条捷径。

无论工作还是生活，人们每天都可能发生许多意想不到的事情，或开心、可贺；或工作不顺，心境不佳，颇受挫折；或与同事朋友间有了矛盾；或家庭的经济压力，等等，都会影响心情的变化。

如果这一天遇到高兴、可喜的事，自然心情怡悦，谈笑风生，把这种心情带回家里，什么烦心的事都会化解。可是遇到不好的事情，心情自然就黯淡、烦躁，回到家里，小小的口角也会让矛盾激发，演变为争吵。

人要学会沉默主要是因为做人难。在人生的大舞台上，每人都要扮演各种社会角色，在父母面前你是孩子，在孩子面前你又是父母，夫妻之间你是丈夫或者妻子，在单位你不是同事便是上级或下级，等等。比如，父母身体或心情不好无端对你发火，孩子贪玩学习不用功或在外闯了祸，妻子整日唠叨又没完没了地指责你这也不对那也不是，明明是上级错了或没经调查研究就怪罪于你，朋友对你产生误解正在火头上而你又不便马上解释，你该怎么办？可见，难就难在火不是、温也不是。

过去，心理学家常常认为我们应该把自己的事情讲出来；但现在人们逐渐发现在与别人的交往中，有时更需要忍耐和沉默。沉默与精心选择的词具有同样的表现力，就好像音乐中心音符与休止符一样重要。沉默会产生更完美的和谐，更强烈的效果。

在商业或私人交际中，无言有时是最好的选择之一。

一个印刷业主得知另一家公司打算购买他的一台旧印刷机，感到非常高兴。经过仔细核算，他决定以 250 万美元的价格出售，并想好了理由。

当他坐下来谈判时，内心深处仿佛有个声音在说："沉住气。"终于，买主按捺不住，开始滔滔不绝地对机器进行褒贬。

卖主依然一言不发。这时买主说："我们可以付您 350 万美元，一个子也不能多给了。"不到一个小时，买卖成交了。

在日常交往中，沉默往往会给你带来意想不到的好处。在某些场合，沉默不语可以避免失言。许多人在缺乏自信或极力表现得有礼貌时，可能会不假思索地说出不恰当的话而给自己带来麻烦。

学会沉默是一种自我保护。我国在 20 个世纪的十年"文革"动乱期间，人们首要的问题是管住自己的嘴巴。无论是"当权派"还是"革命群众"，说话一不留神，一旦与政治沾边便会祸从口出。轻者受批判，挖根源，上挂下连，有写不完的检查。重者明确身份，戴上帽子，交群众专政，乃至身陷囹圄，搭上身家性命。

学会沉默是一种豁达与涵养。友人相聚，举杯畅饮，酒至酣处，特别是有年轻漂亮的女性在场时，人人都争着发表高见推销自我。这时不妨学会沉默。因为演说者不能没有听众，当个忠实听众为朋友捧场，也许是另一种风度。与人相争言辞激烈，当问题辩到面红耳赤谁也不服谁时，不妨学会沉默。

学会沉默是一种深沉的爱。夫妻之间举案齐眉，相敬如宾，在现实中几乎是不存在的。只是文人们痛感"唯女子与小人难养也"，于无奈中自我营造的"乌托邦"。夫妻之间耳鬓厮磨，即便"圣人"也有忘形之时，拌嘴争吵更是在所难免，这时不妨学会沉默，只要看准时机，在恰当的时机投去深沉的一瞥或暗示，一切恩怨顿时烟消云散。所谓相敬如宾此时才有实际意义。

简约——简单做人情满怀

学会沉默是一种机智。明明心明如镜，却揣着明白装糊涂，一问三不知。当说不说皆因火候未到。如果不审时度势而自作聪明，往往聪明反被聪明误。此谓世事洞明皆学问。

学会沉默是一种人格。

学会沉默是一种境界。

学会沉默是一种成熟。

说来说去，套用时下北京侃爷的一句时髦话：这小子心里忒阴暗，有话不说憋在心里也不怕把自己给憋坏了。是的，学会沉默或许是少了点亮色，不过，成竹在胸，含而不露，未必就是不善不仁之举。

在人与人的交往中难免会遭遇不幸，被误会了，甚至到了"众口铄金，积毁销骨"的处境，没关系，放宽心。泡壶茶，听听音乐，就算全世界都怀疑你，只要自己问心无愧，又何必挖空心思，费尽力气，想要证明自己的清白呢。

心灵悄悄话
XIN LING QIAO QIAO HUA >>>

清者自清，事实总会胜于雄辩。等到水落石出的那天，你得到的将是别人的尊敬与赞赏，曾经的一切不快，霎时间，烟消云散。这就是沉默的魅力，不妨学会沉默。

做个"无心人"

世间许多事情，当你有意去做时，结果却"事与愿违"；而在你不经意的情况下却会出现"意外收获"。难怪人们时常发出"有心栽花花不开，无心插柳柳成荫"的感慨，不少人也因"好心办了坏事"而惹出诸多烦恼。看来，做人处事还是"无心"为妙。

宋仁宗时代的名臣韩琦曾说过："处事不可有心，有心则不自然，不自然则忧。"他在太原为官时，当地风行弓箭之术，民间组织了箭术同好会。他并未加以禁止，也没有采取奖励措施，老百姓自动自发，乐在其中，对于地方的防卫，也有助益。可是后任的宋祈却对此事别有用心，下令把这些练习弓箭之术的人，进行登记，编成部队，将木弓改为角弓。太原人本来因为不富有才用木弓，如今命令既下，大家只好卖牛买弓，终于引起很大的骚乱。这就是想要加以利用的居心所致。

在日常生活中，做"有心人"容易，而做"无心人"却很难。

"无心人"并不是那种什么都不想、什么都不做的袖手旁观的懒惰者，而是一种做人处事的最高境界，是一个人能力和智慧的结晶，看似"无心"实胜"有心"。要达到这种境界，有三点需要注意。

1. 顺其自然莫强求。被称作"为人处世大全"的《菜根谭》有这样的名言："如欲使对方有所行动，而对方又不动时，毋宁使对方自由去做，反而会照着你的想法行动。如果勉强对方行动，反而使对方更加顽固。"譬如，在家庭中，本来想鼓励孩子读书，但是由于教子心切而

显得急于求成，经常在孩子面前唠唠叨叨。这样，越是强迫孩子读书，孩子越发感到厌倦，反而丧失了读书的兴趣，结果"欲速则不达"。

最好的办法就是顺其自然，采取循序渐进的方式去"急脉缓灸"，慢慢培养其读书的兴趣，才能达到预期的效果。

当然，并非在所有的情况下都能达到这样的效果，还需要有一定的附加条件。顺其自然，虽不强求，但也不能缺乏引导。

2. 大智若愚装糊涂。《老子》说："取天下者常以无事，及其有事，不足以取天下。"做人要宽宏大量，不要事事计较，处处当真，对于一些小事要装着糊涂，让人三分，才算得上懂得做人之道。

唐代宗时，郭子仪因平定安史之乱有功，受到唐代宗的器重，遂将升平公主许配与其子郭暧为妻。这小两口都自恃有老子做后台，互不服软。有一次发生口角，郭暧愤愤不平地说："你有什么了不起，就仗着你老子是皇上！实话告诉你吧，你父亲的江山是我老子打败了安禄山才保全的，我老子因为瞧不起皇帝的宝座，才没当这个皇帝。"这下可闯了弥天大祸，升平公主抓住话柄就直奔皇宫去告御状。唐代宗一听，不动声色地对女儿劝慰了一番，并声称女婿说的都是实情，不要动辄就扣"谋反"的帽子。郭子仪知道这件事后很害怕，就把儿子绑到皇帝面前去请罪，唐代宗不仅没治罪，反而和颜悦色地劝道："小两口吵嘴，话说得过分点，我们当老人的不要认真。"就这样，一场大祸化作芥蒂小事。唐代宗这时表现出的就是"无心人"的大智若愚态度。倘若唐代宗句句当真，不知有多少家庭受到株连，甚至他的皇位恐怕也会因此产生动摇。

有些事情往往就是这样：你非要去较真，反而会惹来麻烦。相反，你若"装糊涂"，表现出"大智若愚"的态度，可能会是完美的结果。

3. 韬光养晦藏锐锋。"韬光养晦"是"无心人"一种精明的做人之道，是人生的应变之术。常常是在自己处于不利的环境下，为了保全

自己以图东山再起的一种以柔克刚的处世谋略。

三国时，刘备在沛城被吕布打败后，失去了栖身之地，只好投在曹操麾下。后来，曹操移师许昌，也带去了刘备，目的是要控制他。

刘备既不甘居于人下，又怕曹操谋害自己，因此，装出胸无大志、无所用心的样子，还在住处后院开了一块地种菜，亲自浇灌。

一天，曹操请刘备小酌，煮酒论英雄。酒至半酣，曹操说："古今天下，英雄唯有使君与吾耳。"刘备以为曹操看出了自己的心思，心里一惊，手中的匙箸掉在地上。正巧霹雳雷声，大雨骤至，刘备随机应变，说："圣人云'迅雷风烈必变'。一震之威，乃至于此。"曹操听后说："雷乃天地阴阳击搏之声，何为惊怕？"刘备接着道："我从小害怕雷声，一听见雷声只恨无处躲藏。"曹操听罢，一声冷笑，认为刘备是个无胆、无识、无用之人。从此放松了对刘备的戒备。刘备用韬光养晦之计，隐藏锋芒，才得以从曹操的忌恨中平安脱身，方有日后的"三国鼎立"之势。

韬光养晦可以避免"有心人"所表现出来的那种急于求成、锋芒毕露、硬拼蛮干的处世态度，有利于培养处理各种人际关系和事务的能力与技巧，从而使自己戒骄戒躁、踏踏实实地步人人生旅途。

心灵悄悄话
XIN LING QIAO QIAO HUA >>>

貌似放任不管，对方却能自己行动起来，加之不是你有意去勉强对方，他感觉不到被动，就会不知不觉地照着你的意志去做。

睁一只眼，闭一只眼

在日常生活中，我们会遇到形形色色的人，接触到各种各样的事，也许有些会让你感到满意、顺利，但总会有些人或事会让你感到不那么如意、理想，甚至产生极度的厌恶。出现这样的反差原因固然是多方面的，但是，如果我们能学一点简单的为人处世技巧，用"睁一只眼，闭一只眼"去看待周围的人和事，久而久之，你会感到做人并没有想象的那么复杂，反而会品尝到生活的乐趣。

这里所说的"睁一只眼，闭一只眼"，是指人们的一种心理状态，意思是说，对有些现象看到眼里，记在心里，而对有些现象则假装看不见，马虎不认真。不过这里说的"睁一只眼，闭一只眼"，并不是说我们应该不辨是非，什么人都去结交。比如结交品德低下、无情无义、极端自私的人是一种灾难，更是一种悲哀；而结交与人为善、刚正不阿、光明磊落的人则是一种快乐，更是一种难得的收获和享受。明白"水至清则无鱼"的道理后，我们可以站得高一些，看得远一些，既然生活不能至清至净，那么，碰上了一些不如意、不愉快，又有什么好大惊小怪的呢？你只需掌握好自己的方向，欢欢快快地走自己应该走的路。

在现实生活中，我们应当"睁一只眼"看世界，将任何事物都尽收眼底；同时又要"闭一只眼"，对某些事物和现象采取视而不见的态度。"睁一只眼，闭一只眼"也是为人处世中一种广泛运用的做人方式。比如批评别人，就要"睁一只眼，闭一只眼"，做到大事明了，小事糊涂。

唐代名相魏征为人清廉，刚直不阿，凡朝中大小之事有不妥当之

处，同僚大臣中有不守法之人，他必定想方设法予以纠正。即使是皇帝有过失，他也敢于犯颜直谏，晓之以理，动之以情，因此，朝廷上下对他既尊敬又害怕。

唐太宗即位时，有一天对群臣说："现在是大乱之后立国，人心不安定。恐怕百姓不容易教化呀！"魏征说道："此话不对。国家太平无事时间长了，百姓一定会骄横，难以教化。而历经战争之苦的百姓，一旦有了安定太平的生活，必然会珍惜，反而容易教化。这就好像是饥饿的人什么都能吃下，干渴的人什么都敢喝。"李世民听他犯颜直谏，很为震惊，不敢轻视他的话。

一次，有人给李世民送了一只名贵的鸟。李世民很高兴，就托在臂上逗着玩。一见魏征进来，怕他看见，赶紧揣到怀里，其实魏征已经看见了，他故意佯装没看见，奏事慢条斯理，有意拖延时间。结果等他走了，鸟也闷死在太宗怀里。有人问魏征，身为一国之尊的皇上，玩一只鸟算不了什么，而你却欲置它于死地，这未免太过分了。魏征说道："玩物丧志，这是古人的教训，是不务正业的恶少所为。天下刚刚太平，百废待兴，身为国君，怎能贪图安逸享乐呢？"那人又问："既然如此，你为什么不当面直说，而故意拖延时间？"魏征说："劝谏要得体，不能太频繁，否则皇上就会怠慢。况且像这等小事，说得多了，将来有了大事，也不会被采纳。今天以不言为劝谏，明言直谏是要等到将来的国家大事上用呢。"

金无足赤，人无完人，且让我们睁一眼，闭一只眼，择善而从，不善则包容或弃之，如此而已。道家讲世间万物由阴阳二极构成。辩证法认为世界是一个矛盾的统一体，既然是矛盾，就有好有坏，有善有恶，有优有劣，有苦有甜，不同的判断体现不同的价值观，而矛盾双方又是相互依存、相互制约的。

人们总是向往完美，而且正是有了不完美才会更加向往完美。但是向往追求的事物未必都能实现，或许正因为遥不可及才更有诱惑力，而

人还是要在现实中生活的，于是只好将眼睛一睁一闭，反而更加心明眼亮。以交朋友为例，如果一个人要赢得友谊，就要多看到对方的优点和长处。比如某人事业心强，工作成绩突出，但处世能力差，那么就择其长处学习，这样才能和对方和睦相处。相反，如果你睁开两眼看对方，要求对方什么都好，什么都顺你的意，那么最终将吓跑朋友失去友谊。

在生活中，每个人都会遇到挫折。从挫折中经受考验，从幼稚中走向成熟，从认识弱点到克服弱点，我们没有必要非把别人的过去洞察得一清二楚。只要你认为对方是一个真诚的人，即使他有某些与你格格不入的东西，也不必大加追究。世界上本来就没有完美无缺的人，如果你睁大眼睛看对方，总会发现对方的一些弱点或缺点。

人总得在众多目光下活着。如果总是将世界看得过于复杂，忙于看人家的眼色，并且依顺他人的眼色去从事，或是兴奋或是惊讶，总是怯怯地悬着心，活得多累多紧张啊！不妨用你的慧眼去择善，就像猫头鹰一样睁一只眼，闭一只眼。睁一只眼为的是洞察周围，将美景尽收眼底，闭一只眼是将乌烟瘴气巧妙地忽略掉，尽享人生的乐趣。

心灵悄悄话

XIN LING QIAO QIAO HUA >>>

拿尺子去量人，尺寸总会有差距。睁一只眼，即是多看对方的长处；闭一只眼，即是少看对方的弱点。唯有如此，才能永远保持处世的乐趣。如果你睁大双眼，想将世界和世人看个透，结果劳累的不只是眼睛。

巧妙"打圆场"

大多的纠纷并非都出现动武那么刺激的场面，一般都是文戏。诸如家庭纠纷，亲戚朋友之间的纠纷，同事之间的纠纷，邻居之间的纠纷，陌生人之间的纠纷。如果不及时地加以解决，无疑会影响相互关系和社会的安定团结。因此掌握调解纠纷、化解矛盾的语言艺术，也即"打圆场"的技巧，有着十分重要的意义。打圆场很多情况下是凭口齿实施的。

"打圆场"有别于"和稀泥"，它是从善意的角度出发，以特定的话语去缓和紧张气氛、调节人际关系的一种语言行为，在日常生活中有着积极的意义。如何才能使"打圆场"并收到最佳的效果呢？这里，不妨先听一个小故事：

有个理发师傅带了个徒弟。徒弟学艺 3 个月后，这天正式上岗。他给第一位顾客理完发，顾客照照镜子说："头发留得太长。"徒弟不语。师傅在一旁笑着解释："头发长使您显得含蓄，这叫藏而不露，很符合您的身份。"顾客听罢，高兴而去。

徒弟给第二位顾客理完发，顾客照照镜子说："头发留得太短。"徒弟不语。师傅笑着解释："头发短使您显得精神、朴实、厚道，让人感到亲切。"顾客听了，欣喜而去。

徒弟给第三位顾客理完发，顾客边交钱边嘟囔："剪个头花这么长的时间。"徒弟无语。师傅马上笑着解释："为'首脑'多花点时间很有必要。您没听说：进门苍头秀士，出门白面书生！"顾客听罢，大笑

而去。

徒弟给第四位顾客理完发，顾客边付款边埋怨："用的时间太短了，20分钟就完事了。"徒弟心中慌张，不知所措。师傅马上笑着抢答："如今，时间就是金钱。'顶上功夫'速战速决，为您赢得了时间，您何乐而不为？"顾客听了，欢笑告辞。

故事中的这位师傅，真是能说会道。他机智灵活，巧妙地"打圆场"，每次得体的解说，都使徒弟摆脱了尴尬，也让对方转怨为喜，高兴而去。他成功地"打圆场"的经验，给了我们诸多启示。在"打圆场"时，师傅善用"吉言"，以"动听"的话语来打动顾客，求得顾客的欢喜，是师傅成功"解围"的首要诀窍。"吉言顺耳"，爱听"吉言"几乎是人们共有的一种心理。师傅就是巧妙地利用人们的这种心理，在顾客抱怨时，有针对性地择用其易于接受的话语来博得对方的欢喜。这样，顾客的抱怨消释了，先前不快的心理得到"吉言"的"抚慰"，"欣喜而去"也就是很自然的了。

生活中的任何事情都有着两重性，其中的对与错、利与弊是相对的。辩证地看待问题，得体地"扬长避短"，是"打圆场"的又一技巧。针对各种不同的情况，采取"扬长避短"策略，用巧妙的语言去做解释，通过"扬长"，引领对方换个视角，对先前不满意的事来一番变位思考，让对方从一个新的角度去体会佳妙之处，那么，他就会高高兴兴地接受自己的观点。

有幽默感也是化解尴尬的良方。幽默的话语常能令人转怨为喜，开怀大笑，并且能使人在笑声中有所悟，有所得。如故事中这位师傅使用的"首脑"一词就颇为幽默。将头说成"首脑"，寓谐于庄，调侃中不失文雅，庄重中又含风趣，从某种意义上讲，还在一定程度上"提升"了顾客的身份。顾客能不开心吗？再看那"进门苍头秀士，出门白面书生"之语，更是幽默诙谐、妙语解颐。至于"如今，时间就是金钱。'顶上功夫'速战速决，为您赢得了时间，您何乐而不为"的解释，幽

默的话语中又含带了"与时俱进"的因素，颇有时代气息。这就大大地增加了说服力，更易为对方所接受。

"打圆场"不是不着边际的奉承，也不是油腔滑调的诡辩，它是一种说话的艺术。认真学习并掌握这种艺术，注意在特定的场合中"察言观色"，适时得体地"打圆场"，能有效地摆脱尴尬、远离烦恼。

一个善于"打圆场"的人就像是一个"消防队员"，在保护自己的同时，迅速给受困者以台阶。和人打交道，善听弦外之音，又会传达言外之意，是最奥妙的人际关系操纵术。世故之人大都擅长话里有话，一语双关，精明之人无须多言直语，即让你心里明明白白；"高明"的小人惯会含沙射影，指桑骂槐，用话中之刺让你身败名裂。不管说话之人是否故意暗藏玄机，听话者必须弄明白他的真实意图，方能应对恰当。脑子不清，耳朵不灵，一定会多遇难堪。

心灵悄悄话
XIN LING QIAO QIAO HUA >>>

话里藏话、旁敲侧击是聪明人的"游戏"，愚笨之人玩不了。脑子不灵光，煞风景自不必说，落笑柄更是常有的事。话里藏话、旁敲侧击其实是一种迂回，可它既重迂回策略，更重隐含之术，较之迂回更主动、更微妙。

别把痛苦放在心上

人生在世，忧虑与烦恼有时也会伴随着欢笑与快乐，正如失败伴随着成功一样。如果一个人的脑子里整天胡思乱想，把没有价值的东西记存在头脑中，那他或她就会感到前途的渺茫，倍感人生有很多的不如意。所以，我们有必要对头脑中储存的东西，给予及时清理，把该保留的保留下来，把不该保留的予以抛弃。那些给人带来诸方面不利的记忆，实在没有必要过了若干年还拿来回味或耿耿于怀。只有这样，人才能过得快乐洒脱一点。

在社会这个大家庭里，要想赢得别人的尊重，首先必须尊重别人，多记住别人的优点，学会遗忘别人的过失。其次，要学会遗忘自己的成绩。有些人稍微取得一点成绩就骄傲起来，沾沾自喜，这显然是造成失败的一个原因。成绩只是过去，一切要从零开始，才能跨进人生新的境界。同时，自己对他人的帮助，应该看作是一件微不足道小事，甚至于遗忘。这样，你的处事之道方能获得他人的赞许。

人生需要反思，需要不断总结教训，发扬优点，克服缺点。要学会遗忘，用理智滤去思想上的杂质，保留真诚的情感，它会教你陶冶情操。只有善于遗忘，才能更好地保留人生最美好的回忆。

阿拉伯著名作家阿里，有一次与吉伯和马沙两位朋友一同出外旅行。三人行经一处山崖时，马沙失足滑落，眼看就要丧命，机灵的吉伯拼命拉住了他的衣襟，将他救起。为了永远记住这一恩德，动情的马沙在附近的大石头上用力镌刻下这样一行字："某年某月某日，吉伯救了

马沙一命。"

于是三人继续前进，不几日来到一处河边。可能因为长途旅行的疲劳，吉伯跟马沙为了一件小事吵了起来，吉伯一气之下打了马沙一耳光，马沙被打得直冒火星。然而他没有还手，却一口气跑到了沙滩上，用很大力气在沙滩上写下一行字："某年某月某日，吉伯打了马沙一记耳光。"

旅行很快结束了。回到家乡，阿里怀着好奇心问马沙："你为什么要把吉伯救你的事刻在石头上，而把打你耳光的事写在沙滩上？"马沙平静地回答："我将永远感激并永远记住吉伯救过我的命，至于他打我的事，我想让它随着沙子的流动忘记得一干二净。"

忘记是人的天性。一生中，我们要经历许多事情，要与许多人相识相交。而心灵像一个筛子，在世事沧桑变幻之中，遗漏掉许多人。不过，对于智者来说，他们忘记的是别人的不足和过错，更不会刻意去记恨一个人，而记住的却是别人的好和善，并时时充盈着自己的一颗感恩的心。他们过得也将是一种宽恕和大气的生活。

浮萍的一生是忘记的一生。虽然它一生随波逐流，居无定所，任何一处的经历都无法成为它的回忆，但是它却拥有了宝贵的自由。它的一生轻闲而洒脱。

巨岩的一生是铭记的一生。虽然它一生沉默无言，毫无生气，一生都在自己的石页上镌刻人生经历，但是却拥有了宝贵的人生回忆，它的一生饱满而充实。

浮萍选择了忘记的人生，巨岩选择了铭记的人生，那么，一向自诩万物之主的人类，面对这两种不同的生存态度，又当作何选择？

当然，聪明的人类注定了拥有智慧的人生：忘记一切无须铭记的，以求难得的轻松自由；铭记一切不可忘记的，以获取同样难得的饱满与充实。

简约——简单做人情满怀

有这样一则故事新编：上帝耶和华曾造了两个人下派到人间，以了解人间生活境况。两人中一人名叫"忘记"，另一人唤作"铭记"。"忘记"是一个快活的小伙子，他对人间的万物产生了浓厚的兴趣，整天高兴不已。"铭记"则是一名中年汉子，他到人间之后，将所经之事一一铭记在心。当二人被重新召回之时，上帝询问此行人间的感受。"忘记"一脸快乐地抢先说着："人间实在是太有趣了！"问及趣在何处，"忘记"一脸迷茫，不知所措。问到"铭记"，他说："做人太累！"也难怪，"铭记"在人间从头至尾都在铭记，以致背上了沉重的思想包袱，岂能不累？上帝听了二人之言，哈哈一笑，转而神色凝重地说："唉，万事万物切不可走极端。人生处世，忘记是宝，铭记是福，做人一味忘记，他的人生固然轻松，但空虚乏味，无真正快乐而言；然而一味铭记，又必然为思想压力所累，亦无快乐可言。所以，真正快乐的人生应是忘记与铭记并重的人生哪！"

忘记与铭记是一对亲密的孪生兄弟，二者不可偏取其一，否则必遭极端之苦，必受偏废之累。

心灵悄悄话
XIN LING QIAO QIAO HUA >>>

生活中，有许多事情是可以忘记的，有许多事情又是需要铭记的。所以，做人应该忘记与铭记并重，如此方可得到这样的人生：轻松而自由，饱满而充实，快乐而智慧。

巧妙脱离尴尬

"尴尬"一词在《现代汉语词典》中的解释为：处境困难，不好处理；神色、态度不自然。但没有人能预料尴尬出现的时刻。比如，有关男人裤门的故事多得简直比得上男人开合拉链的次数。最广为流传的还是车库门的妙喻。当一个女秘书在公众场合发现她的老板的裤门大开时，她走过去说："您的车库门忘记关了。"这当然是一个笑话，但我们不应该忽视这个笑话中女秘书精妙的处事方式。在这么一种完全不宜公开伸出援手的场合，帮助别人摆脱窘境的方法莫过于语言的借喻了。

这时，你当然可以放弃语言，主动的形体动作同样有显著效果。譬如说，你可以走过去好像要与他耳语，并用身体把他彻底挡住，让他从容解决问题。

如果你是尴尬的旁观者，就不应只偷偷地躲在背后窃笑。俗话说：旁观者清。正因为你"清"，你就有义务帮助别人摆脱窘境。既要让当事人不会因为该种情况的出现心情沮丧，又要做到不让其他的旁观者因此轻视当事人。

尴尬是在人与人交往中才发生的现象。如果只有一个人，根本不成其为尴尬。尴尬现场时的参与者越多，尴尬的程度也就越深。

尴尬的当事人，通常都是当时现场的公众注意力的焦点，尴尬也因此变得更难堪。如何快速帮助当事人降低曝光率，就成了首先面临的问题。最简单有效的方法是，有意在现场挑起另一特别惹眼的事情，以转移公众注意力。

尴尬的过程有时简直就是对当事人的精神折磨。它持续的时间越

长，对当事人的伤害就越大。这种伤害不仅单指当时的心理不安，而且会随着时间的延长，对当事人的公众形象造成不可挽回的负面影响。尽早结束尴尬，就意味着将一切不利的后果和损失控制在有限的范围之内。

理解和安慰是给受伤害者的万能良方，对尴尬也不例外。但是，一定要真正用心去理解和安慰他们。

不必太过斟酌词句，反而不知该说些什么，等到你想出腹稿后，很可能当事人已不知所措。付出感情就足够了，因为在那种情况下，他们未必会认真听你说了些什么，听了也未必明白，拿出足够的感情就能感动他们。

如果你是尴尬事件中的当事人，就另当别论了。谁没品尝过尴尬的滋味，它说不上痛苦更谈不上欢乐，但是应付起来真的很难。下面教你应付尴尬的九大绝招，能使你成为应付此道的高手：

一、可以脸红，但不能心慌。镇定，再镇定。当尴尬突然出现的时候，瞬间的脸红虽然在所难免，但绝对不能心里慌乱。那样，既无补于事，又容易让别人觉得懦弱，不够沉稳。

二、不要轻易辩解，越早承认过失也就越容易被人谅解。

三、勇于自我解嘲。既然尴尬的局面已经不可避免，就应当拿出足够的勇气来面对现实，甚至直接向尴尬挑战。

四、随机应变，将尴尬转化为自我宣传的机会。善于随机应变地处理情况，不仅可以使尴尬不再那么难堪，而且提供了不可多得的自我表现的机会。

五、装傻充愣，置有形窘境于无形的无知之中。这是厚脸皮的万用灵方。它可以轻而易举地将尴尬施加的影响摒弃出去。谁都知道傻子总被人们嘲笑，但从未有尴尬时刻，因为傻子做傻事没什么新鲜的，他自己也从来意识不到。虽然我们不是真的要当傻子，可是，在特殊时刻采用一些特殊方法来脱危解困又有什么不好呢？

六、迅速撤离现场。惹不起但可以躲得起，三十六计走为上策。如

果真的没有勇气和能力应付尴尬时，你的最佳选择就是迅速撤离现场，越快越好。对那些天生胆小怕事又异常敏感的人来说，提前预见尴尬发生的可能性，或是当尴尬的事态稍有苗头时就赶快离开，实在是妙不可言的高招。再大的掌力，如果没有受力的脸也不过就是一阵风罢了。

七、转移尴尬。医学上，有所谓的移痛法。当一种难以征服的痛苦被另一种较易征服的痛苦替代时，前一种痛苦往往在后一种痛苦的作用下，逐步失去原来的痛感。这种方法，同样适用于尴尬时刻的自我调节。当然，转移尴尬还有另一种形式，就是将尴尬转移到旁观者的身上。不过，必须注意一点，你所转移的尴尬应该是善意的玩笑的契机。

八、故作心理脆弱。人们普遍同情弱者，在尴尬出现时，你应当立即做出过激的反应，可以是懊悔不已，也可以是痛苦万状。总之，一定要让别人看起来心理异常脆弱，仿佛刚才的事情已经过度地伤害到了你的自尊心。一般情况下，人们在看到你的"惨状"后，肯定不会再对你穷追猛打，尴尬也就不了了之。

九、予以强烈反击。这是应付尴尬时最应慎重考虑的方法。首先要考虑对象的身份，其次是环境，再次是反击的力度把握。因为尴尬本身并不是大得惊人的问题，充其量只是一个过失。所以，在决定予以反击之前，一定要搞明白自己反击的目的何在。假如反击的结果是解脱了自己而伤害了别人，最好放弃。假如反击的结果是皆大欢喜，那么不妨一试。这类结果直接体现着当事人对另一方人的了解和反击力度的精确把握。宗旨只有一条：利己也不损人。

心灵悄悄话
XIN LING QIAO QIAO HUA >>>

在帮助别人摆脱困境时，必须考虑到事发当时的环境因素，尽最大的可能来将周围的不利影响压缩到最小。

当众拥抱你的对手

人和动物最大的不同就是，动物的所有行为都是依其本性而发，属于自然的反应；但人是经过思考，可以依当时需要，作出各种不同的行为选择，例如，当众拥抱你的对手。

"当众拥抱你的对手"，是件很难做到的事，因为绝大部分人看到"对手"都会有灭之而后快的冲动。若环境不允许或没有能力消灭对方时，至少也会保持一种冷淡的态度，或说说让对方不舒服的嘲讽话等等。可见，要当众拥抱对手是多么难！

就因为难，所以人的成就才有高下大小，也就是说，能当众拥抱对手的人，往往比不能拥抱对手的人成就要高得多、大得多。

能当众拥抱对手的人会站在主动的地位上，采取主动的人总会"制人而不受制于人"。采取主动，不仅迷惑了对方，使他搞不清你的态度，也迷惑了第三者，搞不清楚你和对方到底是敌是友，甚至有误认你们已"化敌为友"的可能；可是，是敌是友只有你心里明白。你的主动，会使对方处于"接招""应战"的被动态势；如果对方不能"拥抱"你，那么他将得到一个"格局太小"之类的评语。所以，当众拥抱你的对手，除了可以在某种程度上降低对方对你的敌意，也可避免恶化你对对方的敌意。

换句话说，为敌为友之间，留下一条灰色地带，免得敌意鲜明；地球是圆的，天涯无处不相逢。

此外，你的拥抱动作，也将使对方失去再对你攻击的立场。若他不理会你的拥抱而依旧攻击你，那么他必招致他人的谴责。

最重要的是，当众拥抱对手这个动作一旦做了出来，久了会成为习惯。在让你和人相处时，能容天下人、天下物，出入无碍，进退自如，这正是成就大事业的本钱。

所以，竞技场上的比赛开始前，二人都要握手敬礼或拥抱，比赛后再来一次，这是最常见的"当众拥抱你的对手"；政治人物也惯常如此，明明是互相敌对的政敌，见了面仍然要握手寒暄。

事实上，要当众拥抱你的对手，并不如想象中那么难，只要能克服心理障碍，你也可以这么做：

在肢体上拥抱你的对手，例如拥抱、握手，尤其是握手，这是较普遍的社交动作，如果你伸出手来，对方绝不可能有缩手的反应。

在言语上拥抱你的对手，例如公开称赞对方，关心对方，表示你的"诚恳"，但切忌过火，否则会造成反效果。

为什么强调"当众"呢？因为交际的需要，"拥抱"是做给别人看的。如果私下"拥抱"，不是双方言归于好，就是你向对方投降。"当众"拥抱，表面上不把对方当"对手"，但心底怎么想，还有谁去追究呢？

以德报怨是人们应该提倡的道德观念，其含义就是，用德行来对待伤害你的人，而不是采取报仇的做法。在历史上和现实中也有许多"以德报怨"的事例。

安东尼·罗宾讲过这样一个故事：卡尔是一位卖砖的商人，由于另一位对手的竞争而陷入困难之中。

对方在他的经销区域内定期走访建筑师与承包商，并告诉他们：卡尔的公司不可靠，他的砖块不好，生意也面临即将停业的境地。

卡尔解释说，他并不认为对手会严重伤害到他的生意。但是这件麻烦事使他心中生出无名之火，真想"用一块砖头敲碎那人肥胖的脑袋"来发泄。

"有一个星期天早晨，"卡尔说，"牧师讲道的主题是：要施恩给那

些故意跟你为难的人。我把每一个字都记下来。就在上个星期五，我的竞争者使我失去了一份25万块砖的订单。但是，牧师却教我以德报怨、化敌为友，而且他举了很多例子来证明他的理论。

"那天下午，当我在安排下周的日程表时，我发现住在弗吉尼亚州的一位老顾客，正为新盖一座办公大楼要一批砖。可是他所指定的砖并不是我们公司所能制造供应的那种型号，却与我的竞争对手出售的产品很相似。同时，我也确信那位满嘴胡言的竞争者完全不知道有这笔生意的机会。

"这使我感到为难。如果遵从牧师的忠告，我应该告诉他这项生意的机会，并且祝他好运。但是，如果按照自己的意思去做，我真希望他永远也得不到这笔生意。"

"那么你到底怎么做的呢？"有人问道。

"喔！我内心挣扎了一段时间。牧师的忠告一直盘踞在我的心田。最后，也许是因为我很想证实牧师是错的，所以我就拿起电话拨到竞争者的家里。他的太太先接电话，可是我要求跟他本人讲话。"

"他是不是感到很惊奇呢？"另一个人半带微笑地反问道。

"他吗？"卡尔说，"你应当可以想象到他当时的反应。他难堪得说不出一句话来。我就很有礼貌地直接告诉他，有关弗吉尼亚州的那笔生意机会。有一阵子他结结巴巴地说不出话来，但是很明显的是，他很感激我的帮忙。我又答应打电话给那位住在弗吉尼亚州的承包商，并且推荐由他来承揽这笔订单。"

"以后呢？"

"喔！"卡尔说："我得到非常惊人的收益。他不但停止散布有关我的谎言，而且还把他无法处理的一些生意转给我做。现在，除了我们之间的一些阴霾已经获得澄清以外，还有另一项作用。"

"是什么呢？"有人问道。

"我现在心里比以前感到好多了。"卡尔回答说。

可见，化德报怨，以敌为友是迎战那些终日想要让你难堪的卑鄙小人所能采用的上策。以德报怨将化解人际间的冲突，增进人们的友好共处。

心灵悄悄话
XIN LING QIAO QIAO HUA >>>

如果以怨报怨，只会导致冤冤相报无时了，人们之间的冲突也会急剧扩大和永无止境。

遇事要给人台阶

给人一个台阶，最能显示出一个人的良好修养。只有襟怀坦荡、关心他人的人，才会时刻牢记给人一个台阶。在受到伤害时，许多人都会与对方针锋相对地吵闹一番，结果使双方都十分难堪。

美国总统林肯发火的时候，选择尽情地写信发泄，等花了很多时间把信写好后，自然就心平气和了，也能理智地处理问题。虽然宽容并不意味着一味忍让，但学会最大限度地宽容，则能避免许多尴尬。

给人一个台阶，是为人处世应遵循的原则之一。英国诗人华兹华斯说过："正义之神，宽容是我们最完美的所作所为。"给人一个台阶，正是宽容的一种体现。

有一天，百货商场来了一位顾客要求退西装。售货员发现西装有洗过的痕迹，但她没有揭穿，而是给顾客寻求了一条免于难堪的退路。她说："可能您家人不小心搞错了，把这西装送去洗了。我也有类似的情况，有一次，我外出时洗衣店的人来了，我丈夫稀里糊涂地把一大堆衣服让人抱走了。和您一样，不是吗？您看，您这衣服上面有洗过的痕迹。"顾客听了无话可说，大概心里还有些感激这位售货员呢。

这位售货员的心是善良的，因为她懂得给人一个台阶。给人一个台阶，往往会赢得友谊，得到信赖。富兰克林少年时十分狂傲，凡是与他意见不同的人，都要遭到他的嘲讽和侮辱。后来，他及时改变了乖僻、好辩的性格，不再给人难堪，而是坦然接受反驳他的所有正确言论。在

与人交谈时，也和气了许多。这种转变，使他结交了很多朋友，最终成为易于掌握公众言论的政治家。的确，给人一个台阶，往往是拥有朋友的开始，也是自己成功的开始。

1953 年，周总理率中国政府代表团慰问驻旅顺的苏联军队。在我方举行的招待宴会上，一名苏军中尉在翻译总理讲话时，译错了一个地方。我方代表团的一位同志当场做了纠正。这使总理感到很意外，也使在场的苏联驻军司令大为恼火，要撕下中尉的肩章和领章。宴会厅里的气氛顿时紧张起来。

这时，周总理不失时机地给对方找了一个"台阶"，他温和地说："要恰到好处地翻译两国语言是很不容易的，也可能是我讲得不够清楚。"并慢慢重复了译错的那段话，让翻译仔细听清，然后再准确地翻译出来，缓解了紧张气氛。总理讲完话后在同苏军将领、英雄模范干杯时，还特地同翻译单独干杯。苏联驻军司令和其他将领看到这一情景，在干杯时眼里都含着热泪；那位翻译被感动得举着杯子久久不放。

是的，在与人交往中，我们要学会适应他人、迎合他人，这也是主动给人找台阶的一种行为。现代社会人与人的关系普遍都是一种竞争与合作的关系，只有我们胸怀大度，主动学会为别人找台阶，才能赢得大家的信任和支持，开辟自己人生和事业上的一种新局面。

1993 年的"9·23 之夜"，北京电视台在五洲大酒店设立直播现场，首都各界名人应邀出席。一旦北京"申奥"成功，这里狂欢的画面将通过卫星传到全世界。北京时间 9 月 24 日凌晨 2 点 15 分，国际奥委会主席萨马兰奇出现在屏幕上，所有在电视机前的中国人都期待着他说出"北京"两个字。老萨确实说了，但他是用英语说的"感谢北京……"。有人听到了"北京"就以为申办成功了，旋即开始了狂热的欢呼，人群沸腾了，记者一拥而上准备采访……

应邀做压轴演出的台湾"急智歌王"张帝先生也沉浸在狂喜之中。

但他突然发现 CCTV 的转播屏幕上是悉尼街头的欢呼场面。他的心一揪，赶忙告诉周围："冷静，可能有误！"接着，场上静得一点声息也没有了。

张帝艰难地站起来，这位见多识广、阅历丰富的"急智歌王"，平生第一次感到太难了，那张饱经沧桑的脸上表情异常复杂——"各位，刚刚一听到北京，我的心多么狂喜，我以为我们得到了这份荣誉；但最后的结论是悉尼……可我要说，其实北京已经胜利了，真的，我们赢了！（场内爆发出热烈的掌声）各位从电视转播中看到，北京已经成为世界的焦点，奥运是参与，我们已经登上国际舞台，这就是我们的骄傲……各位朋友，我是台湾来的，但我代表了全中国、全世界华人的心声：祝福我们北京在象征着自由与和平的方向上，永远迈开大步，走向胜利！我们在短短时间里让世界一下子了解我们是不够的，我们努力了，脚步还要加快，北京就要朝这个方向走……"

张帝运用他那机智的语言，给全世界华人找了台阶，救了场子，这与他在关键时刻能够保持冷静，从容不迫地应付有必然的联系。

让人下不了台的事，大多发生在人们料想不到的时候。但是，只要能及时转换角度，巧说妙解，不但能给自己找个台阶，甚至能给生活增添某种乐趣。

有一对夫妻因小事争执不下，在家吵闹不休。正当妻子向丈夫做狮吼状时，一对朋友来访，丈夫尴尬得无地自容。好在妻子也顾及丈夫的面子，看朋友到来连忙招呼。但对丈夫来说，终究一时无法从窘境中解脱出来。朋友见状，笑着说："听你俩交流还挺热烈，我来的可真不是时候啊！"此话一出，其妻先红了脸，无语离去。丈夫马上调侃地对朋友说："打是亲骂是爱，我们刚才是在打情骂俏呢！别看她刚才那么凶，其实正表示她对我的关心，不信你问她。"这时他妻子从里屋出来也与朋友打哈哈，争吵便化为云烟。

在社交场合，每个人都展现在众人面前，因此都格外注意自己社交形象的塑造，表现出比平时更为强烈的自尊心和虚荣心。在这种心态支配下，他会因你使他下不了台而产生比平时更为强烈的反感，甚至与你结下终生的怨恨。同样，也会因你为他提供了台阶，使他保住了面子，维护了自尊心，而对你更为感激，产生更强烈的好感。这些，对于今后的交往，会产生深远的影响。可见，给人台阶，及时救场，如同为人灭火。

心灵悄悄话
XIN LING QIAO QIAO HUA >>>

乐意给人台阶，让对方能下淂来台，不单单是个心意问题。如果没有随机应变的能力，也会使人力不从心。

用笑脸面对不幸

　　面对生活中的不幸，有没有坚强刚毅的性格，在某种意义上说，是区别伟人与庸人的标志之一。鲁迅曾经说过："伟大的心胸，应该表现出这样的气概——用笑脸迎接悲惨的命运，用百倍的勇气来应对一切的不幸。"

　　苦难对于一个天才来说是一块垫脚石，对于能干的人是一笔财富，而对于庸人却是一个万丈深渊。有的人在厄运和不幸面前，不屈服，不后退，不动摇，顽强地同命运抗争，因而能在重重困难中冲出一条通向胜利的路，成了克服困难的英雄、掌握自己命运的主人。

　　在生活中，人们对于那些冲破困难、阻力，经受重大挫折和打击而坚持到底的人，敬佩程度是远在生活的幸运儿之上的。克服的困难愈大，取得的成就愈不容易，就愈能说明你是真正的英雄。当接连不断的失败使爱迪生的助手们几乎完全失去发明电灯泡的热情时，爱迪生却靠着坚韧不拔的意志，排除了来自各个方面的压力，经过无数次实验，终于发明了电灯，为人类带来了光明。在这里，爱迪生的超人之处，正在于他对挫折和失败表现出了超人的顽强刚毅精神。

　　古罗马哲学家塞尼卡的一句名言："真正的伟人，是像神一样无所畏惧的凡人。"谁能以不屈的精神对待生活中的不幸，谁就能最终克服不幸。在不幸事件面前愈是坚强，愈能减轻不幸事件的打击。贝多芬以他那孤独痛苦然而又是热烈追求的一生，给世界留下一句名言："用痛苦换来欢乐。"它曾经鼓舞无数人奋起与自己的不幸进行斗争。一个人如果能在任何情况下都勇敢地面对人生，无论遭遇什么，依然保持生活

的勇气，保持不屈的奋斗精神，他就是生活中的强者，一个真正刚强的人。相反，有些人在失恋、失学、疾病，或工作中的挫折、失败，或其他生活不幸事件的打击面前，一蹶不振，精神崩溃，弄到十分可怜的地步，原因之一就在于缺乏坚强刚毅的性格。

如果你想培养自己承受悲惨命运的能力，可以学着在生活中采用以下技巧：

一、下定决心坚持到底。局面越是棘手，越要努力尝试。过早地放弃努力，只会增加你的麻烦。面临挫折，只有坚持下去，加倍努力和增快前进的步伐。下定决心坚持到底，并一直坚持到把事情办成。

二、不低估问题的严重性。要依据现实估计自己面临的危机，不要低估问题的严重性。否则，等到去改变局面时，就会感到准备不足。

三、作出最大的努力。不要畏缩不前，要使出自己全部的力量。成功者在面对危机时总是作出极大的努力。精力总是不会用尽的。

四、坚持自己的立场。一旦下定决心要冲向前去，要像服从自己的理智一样去服从自己的直觉。顶住家人和朋友的压力，采取你所坚信的观点，坚持自己的立场。是对是错，就该相信你自己的判断力和智慧。

五、生气是正常的。当不幸的环境把你推入危机之中时，生气是正常的。对你来说重要的是一方面要弄明白自己在造成这种困境中起了什么作用；另一方面，你是有权利为在这些问题上花了那么多时间而恼火的。

六、不要试图一下子解决所有的问题。当你经历了一次严重的危机之后，在你的情绪完全恢复以前，要满足于每次只迈出一小步。不要企图当个超人，一下子解决所有的问题。每一次对成功的体验都会增强你的力量和积极的观念。

七、让别人安慰你。无论局面好坏，失败者总是一味地抱怨不停。结果当危机真的来临时，人们很少会信以为真和安慰他们，因为人们已经习惯了他们的消极态度。但是，如果你是个积极的人，平时能很好地应付自己的生活，那么，在困境中，你可以放心地把自己的懊悔和恐惧

告诉别人，给别人安慰你的机会，你理应得到这种支持，而且对于自己的这种请求，完全可以坦然以对。

八、坚持尝试。克服危机的方法不是轻易就能找到的。然而，如果你坚持不懈地寻求新的出路，愿意在成功的可能性很低的情况下去尝试，就能找到出路。要保持自己头脑的清醒，睁大眼睛去寻找那些在危机或困境中可能存在的机会。与其专注于灾难的深重，不如努力去寻求一线希望和可取的积极之路。即便是在混乱与灾难中，也可能形成你独到的见解，它能将你引到一个值得一试的新的冒险之中。

人生之路九曲迂回，既有春光明媚的日子，也有风雨的痛苦袭扰。即使是一帆风顺的幸运儿，也难免会有波涛骤起的时候。宋人杨万里说："篙师只管信船流，不做前滩水面谋；却被惊涛旋三转，倒把船尾作船头。"人生之旅又何尝不是如此呢？

曾经拥有，曾经失去；时而风平，时而浪起。正是这种顺境和逆境的交错反复，形成了一条曲曲折折但又实实在在的人生之路。在这条路上，不经过痛苦和失败不能成熟；不经过彻底的大悲大喜和大起大落不能坚强。唯有经历了无数次残酷无情的痛苦变故，才能对世道人情的冷暖有更全面更深刻的透视，才能更加珍惜生命，更加探索人生的要义。达·芬奇曾说："不经受巨大的痛苦，就得不到完美的才能。"做人只有尝尽了痛苦的滋味，才可谓真正的人。

想收获的人，必须留一方心田去播种失败和痛苦。凡成大事者，常是从失败与痛苦中升起的闪亮的星。尽管痛苦是扼杀人之灵性的恶魔，但它同时也是鼓舞人去创造业绩的良师益友。它能教我们走向成熟，走向坚强。因此，不要以一时的痛苦而放弃自己的期待和追求。当事业有了危机或生活欺骗了我们，不能绝望，不可颓废，令人惊喜的机缘完全来自奋斗，来自创造。任何成功都是从战胜痛苦开始的。试想，火柴如果回避摩擦的痛苦，它能达到一生光明的境界吗？默默地用身心去体会、品味痛苦，执着地无怨无悔地去战胜痛苦。每一步攀登都异常艰辛，每一次搏击都充满痛苦，但完成每一次拓展，就必然会登上一个新

的高度，饱览无限风光，领略创造人生的壮美。

痛苦犹如人生的一把筛子，把弱者截住，而放走强者。痛苦逼迫着坚毅的人去做生活的强者。认识人生的痛苦并将痛苦转化为一种动力，便可以从痛苦之中振作起来。正如哲学家尼采所说："未置我于死的东西，可使我变得更加坚强。"顽强拼搏的人，能把痛苦化为一种心灵的愉悦和欢乐的激情，从而奋起搏击。

心灵悄悄话
XIN LING QIAO QIAO HUA >>>

有的人在生活的挫折和打击面前，垂头丧气，自暴自弃，丧失了继续前进的勇气和信心，于是成了庸人和懦夫。

第四篇 >>>

淡泊名利，快乐生活

淡泊是一个人的修养，是一个人的精神境界，是一种灵魂的典雅。

淡泊名利，不等于逃避社会和生活的选择，也绝非是庸人所为。当你拥有了淡泊名利的心态，就可以不再为名利的沉浮与得失所累，也不再为人间的蜚短流长所左右，从此可以宠辱不惊、不卑不亢，自然地工作，真实地生活。

当你拥有了淡泊名利的心境，就能抛开人世间的喧嚣、浮躁，按自己的能力所及，去细细品味人生，去享受生活的灿烂！

贪婪即祸端

生活原本没有痛苦，在欲望之火被点燃之后，痛苦才随之而来。而欲望的源头便是贪婪。贪婪能把人带入黑暗的地狱，能耗尽人们满足其需求的所有精力，却丝毫没有给人带来满足。因此，贪婪的人，一生都是贫穷的；而满足的人，永远都是富有的。

一个男子在马路上看见一个孩子正在号啕大哭，于是他走上前去问这个孩子为什么痛哭？孩子回答说："因为刚才遗失了一英镑。"这位男子见孩子可怜，便给了他一英镑，谁知他接过钱看了看，又哭起来了。男子见他还在哭，心中大为不解，于是再问他，为什么还哭？孩子揉了揉眼睛，痛苦地回答："假如刚才不落掉那一英镑，现在我就有两英镑了。"

这就是人性的贪婪。贪婪的人无论得到了多少，都无法满足，他们的欲望没有底线，一生都活在追逐之中。贪婪的人，被欲望所牵引，欲望无边，贪婪无边。他们是欲望的奴隶，在欲望的驱使下忙忙碌碌，不知所终。这样的人，常常怀有私心，一心算计，斤斤计较，最终却往往一无所获。贪婪是个无底洞，你永远也没法填满它。一个穷人缺少的东西或许会很多，但是，一个贪婪者却什么都缺。胸怀宽广的人只要一点点的东西，就可以满足，奢侈的人需要更多的东西也可以满足，但是贪婪的人却需要一切的东西才有可能满足。所以贪婪的人总是不满足，他们也总是生活在不满足的痛苦中，他们妄想得到一切，最终却两手空空。

从前，有一个猎人捕获了一只会说多国语言的神鸟。

"放了我，"这只鸟说，"我将送给你三条忠告作为报答。"

"那你先告诉我，"猎人回答道，"我发誓我会放了你。"

"第一条忠告是，"鸟说道，"做完事就不要后悔。第二条忠告是，如果有人告诉你一件事，你自己认为不可能就不要相信。第三条忠告是，当你爬不上去时，千万别费力气去爬。"

然后这只鸟对猎人说："好了，该放我走了吧。"猎人依言将鸟放了。

这只鸟飞起后落在了一棵大树上，向猎人大声叫嚣着："你真愚蠢，就这样放了我，还不知道在我的嘴中含着一颗价值连城的大珍珠。正是这颗珍珠使我如此的聪明。"

这个猎人听完鸟的话，想再次捕获这只放飞的鸟。于是，他跑到树跟前并开始爬树。但是当他爬到一半的时候，就再没力气爬了，却仍不肯放弃，最后掉了下来并摔断了双腿。

鸟嘲笑猎人："笨蛋！我刚才给你的忠告你全忘记了。我告诉过你了一旦做了一件事情后就别后悔，而你却后悔把我放了。我告诉你如果有人对你讲你认为是不可能的事，你就别相信，而你却相信我边说着话，口中还会含着大珍珠。我还告诉你如果你爬不上去了，就别强迫去爬，而你却拼命追赶我并试图爬上这棵大树，结果掉了下去摔断了腿。我再送你最后一个忠告吧，那就是贪得无厌的人，结果往往事与愿违。"说完，鸟便飞走了。

贪婪的人常常会犯傻，他们被自己的贪心所蒙蔽了双眼，以至于失去了理性的思考。所以，我们在任何时候都要有自己的主见和辨别是非的能力，不要被假象所迷惑。

有一个老者在岸边垂钓，旁边有几名游客在欣赏风景。只见这位老

者的竿子一扬，钓上了一条大鱼，足有一尺多长，落在岸上后，仍扑腾不止。可是老者却用脚踩着大鱼，解下了鱼嘴内的钓钩，一挥手将鱼丢进了河里。

围观的人发出一片惊呼，不解地看着老者：难道这么大的鱼都不能令他满意吗？可见垂钓者野心之大。

就在众人屏息以待之际，老者的鱼竿又是一扬，这次钓上的还是一条一尺长的鱼，老者仍是不看一眼，顺手扔进河里。

第三次，老者的钓竿再次扬起，只见钓线末端钩着一条不过几寸大的小鱼。众人以为这条鱼也肯定会被放回河里，岂料老者却将鱼解下，小心翼翼地放回自己的鱼篓中。

众人百思不得其解，便问老者为何舍大而取小。

老者回答说："哦，因为我家里最大的盘子也不过一尺长，太大的鱼钓回去，盘子也装不下。"

在物欲横流的今天，像老者这样舍大取小的人是少之又少了，反而是舍小取大的人越来越多。俗话说，贪心图发财，短命多祸灾。只有心地善良、胸襟开阔的良好品性，才是健康长寿之本。贪图小便宜，终究是要吃大亏的。

贪婪是一种顽疾，人们极易成为它的奴隶，它能使得人们的贪心不断地膨胀。贪婪还是一切罪恶之源，它能使人丧失理智，忘却一切，甚至是自己的人格，做出愚昧不堪的行为。因此，我们要以豁达的心态面对人生的种种诱惑，远离贪婪，适可而止。

心灵悄悄话
XIN LING QIAO QIAO HUA >>>

一个贪利爱财、永不知足的人，将永远生活在追逐的痛苦之中。当你开始计较得失，贪求得更多时，便是烦恼的源头打开之时。

知足常乐

知足常乐，这是中国古人做人的一种境界。由此看来，人获得快乐并不是那么困难，关键取决于我们有怎样的心态。就这一点来说，所谓幸福和快乐的内涵是很难确定的，谁也不能保证比尔·盖茨就能比中国的一个普通农民更快乐，原因就在于此，心态不同而已。

粗茶淡饭、布衣茅屋不一定就是贫苦。只要忠于自己的内心，过自己喜欢的生活，就能享受平淡生活中的安静祥和，平淡日子中的花好月圆。只有知足，才能过得轻松自在，怡然自得。所以说，知足是一切幸福和快乐的源泉。永不知足，没有底线的需求，一味去满足个人欲望者是可悲的。这种没有理智的行为，是生活中的快乐越来越远，甚至消失的一个主要原因。

知足与快乐密不可分，只有知足后心境才能平和，待人才能宽厚，微笑才能自然。虽然生活清贫，却能够享受生命的天伦之乐。这种人生境界是整日追逐着荣华富贵而又永无满足感的人所无法想象的。

民间有一则故事，讲的是明朝有个人叫胡九韶，他的家境很贫苦，一面要教书，一面还要努力耕作，才可以勉强维持衣食温饱。但每天到黄昏时分，胡九韶都要到门口去焚香，向天拜了又拜，感谢上天赐给他一天的清福。

妻子见到后，总是笑他说："我们一天三餐都是青菜和粥，哪里来的福气呢？"胡九韶说："我首先很庆幸能生在太平盛世，没有战争祸乱。其次我庆幸我们一家人都能有饭吃，有衣穿，不必挨饿受冻。最后

庆幸家里床上没有病人，监狱中没有囚犯，难道这不是福气吗？"

乱世中，能活着就好；盛世中，能堂堂正正地做人便是一种福气。人生可以过得舒心一点便已经足够美好。知足人生最重要的法宝就是能够往下看，不要永远抬着头，所谓退一步天高地阔，道理就在于此。就像一个人穷困潦倒，如果他能想到还有很多饿死的人，反而会心存感恩、甘于贫困。不管别人怎么看，知足者已经得到了满足和快乐。

古时候，有一位砍柴的老汉在山泉喝水时，无意中发现了清澈泉水中有闪闪发光的东西，仔细一看居然是金砂。惊喜之下，他小心翼翼地捧走了金砂。从此以后，老汉再不用受生活之苦，隔个十天半月，就来去淘一次金砂，日子很快就富裕起来了。老汉开始时还守口如瓶，后来有一天，他终于忍不住告诉了他的儿子。这儿子知道后马上怂恿父亲拓宽石缝，扩大山泉，以为这样做就可以得到更多的金砂。于是父子俩找来工具，把原本窄窄的石缝凿宽了之后，却发现山泉虽然比原来大了很多，但金砂却没有增多，反而从此消失得无影无踪。

由于人性的不知足，造就的悲剧往往数不胜数。永无止境地追逐名利本身就是一个痛苦的怪圈。而且在这追逐的过程中，处处充满着陷阱与风险。知足的人往往欲望很低，或者不愿受欲望所控制，把欲望看作是一种可有可无的东西，能够实现一点就已是上天的恩赐，如果不能实现，也不必在意，随缘就好。就拿爱情来说，知足者从不会为失恋而痛苦、为爱情而放弃生命。因为他们明白，相爱过就是一笔财富了。如果只是不满足地想着怎样拥有，那便扭曲了爱情的本意。

知足者便是要顺应生命的起落与得失。绝不贪得无厌，要适可而止，见好就收。所以一切的苦难和不幸对知足者来说，都是一种必然，没有什么值得痛哭流涕的。相反，知足者能够"陶陶然乐在其中"的事有很多，花鸟鱼虫，善待生活是一乐；有朋自远方来，开怀畅饮，也

是一乐；他乡遇故知，寂寞还故乡，还是一乐……只要人的心态能张能弛，能紧能松，能缩能伸，便能在任何地方都找到快乐的理由。

人生有着太多的不公平，有的人是含着"金汤匙"出生的，有的人则生来就贫苦残疾；有的人一辈子都住在穷乡僻壤，而有的人却富贵终身。如果一味地去抱怨、哀叹、愤怒，结果会改变吗？因此，我们要学会承认和接受现实，让自己的心态平和。不要总和别人去攀比，只要拿自己的过去和现在比就好了，哪怕只有一点点的进步我们也是成功的。人生一世，草木一秋，我们拥有的已经很多了，又有什么可不知足的呢？

心灵悄悄话
XIN LING QIAO QIAO HUA >>>

人只有从内心告诫自己要知足，不困于"名缰"，不缚于"利锁"，"自静其心延寿命，无求于物长精神"，以平常心、宁静心面对周围的一切，真诚、善良地为人、处事，才能赢得人生的至乐。

名与利，浮云而已

人活在这个世上，无论贫富贵贱，穷达逆顺，都免不了要和名利打交道。面对名利，人们通常有两种态度：一种是淡泊名利，一种是追名逐利。其中，多数人会选择后者。古人云：宠辱不惊，闲看庭前花开花落；去留无意，漫随天外云卷云舒。然而，在竞争残酷、诱惑纷繁的现今社会，固守信念、淡泊名利并非易事。只有拥有广阔的胸襟和较高的人生追求以及思想境界，才可能经受住名与利的诱惑，始终不渝地坚守着自己的道德准则和理想信念，不计得失，不重名利，以淡泊的情怀书写出高尚的人生。

名与利，皆为空，浮云而已。一些人，在名利场上争夺了一辈子，错过了很多，也失去了很多，直到生命终结时，回望来路，才遗憾地发现失去的都是永不磨灭的，得到的都是无法带走的。

从前，有个年轻人，听说名利是位漂亮的姑娘，谁能找到她谁就是天下最幸福的人，所以他迷上了名利。并发誓，即使花上一生的时间，也要找到她。

他首先到那些充满哲理和智慧的书籍中去寻找名利的踪迹。结果他发现这些书籍对名利始终持批评否定的态度，并且一直排斥她。显然，名利不在书籍里。

之后又跑到宗教里去找名利。但宗教却宣称，许多幸福，包括名利在内，都是一个人在死后才能得到的，而活着的时候是应该舍弃的。这也不是他想要的答案。

他又转向大千世界去寻找。他每到一地方，就去问当地的人："你们见过名利吗？她在这里吗？"每次，人们的答案都相同："名利吗？是的，她来过这里。不过那是很久以前的事情了。她后来又走了，没有人知道她去了哪里。"就这样他用了许多年，找了许多地方，可是每次都得到同样的答复。

于是他转向大自然。他问树、问山、问森林、问海洋，还有花鸟鱼虫："你们知道名利吗？她在这吗？"然而答案依然令他失望："名利？是的，她来过。不过那是很久以前的事情了。她早已经走了。"

多年之后，曾经的年轻人已经衰老了，但他还在寻找名利。最后，他来到了世界的尽头，那儿有一个漆黑的山洞。老人走进去。居然发现山洞里有一个又老又丑的妇人。一个声音告诉他，这个妇人就是名利。

虽然极度失望，但他还是走到她面前问她："我一直在寻找你，开始时我还是个年轻人，现在我已经衰老了。许多人都像我一样期待着你，对你翘首以盼。可为什么你总是躲着我们，躲着这些执着追求你的人呢？求求你了，和我一起走出山洞回到世界上去吧。"名利没有回答他。

老人花了许多天来劝说名利，可名利始终不理睬他。当老人终于明白名利从未离开过她这个山洞之后，便无奈地说："那好吧。既然你不肯跟我一起走，那我就自己回去了。但在走之前，我有一个请求：你得给我一个口信，我把它转达给世人，好证明我确实见到过你。"

这时，名利，这位又老又丑的妇人，抬起头来，望着老人的眼睛，一字一顿地说："告诉他们，我年轻而且漂亮。"

名与利，本就是空，是人们对于幸福产生的错觉。可惜多数人只有在为之奋斗、追逐了一生之后才会恍然大悟，明白其中的道理。

抛开名利，人的内心才得以清净，这才是人生的境界。遗憾的是很多人都在名利的诱惑下失去了自我，将自己置于牢笼之内。其实，名利如浮云，追到头来也是一场空。

世人熙熙，都为名来；世人攘攘，都为利往。淡泊名利，本是一种人生境界，一种只有智者才能体会到的思想。名利只是人生的一部分，并不是全部。人生还有很多远比名利更为重要的东西，比如爱情、家庭和健康，这些东西同样会带给我们无比的快乐和幸福。

心灵悄悄话
XIN LING QIAO QIAO HUA >>>

要守住一份淡泊，就必须修得一种豁达乐观、世事洞明而又恰然自得的心境，少一些心浮气躁，患得患失。不为功名所累，不为金钱折腰，只有这样才能体会到人生的大智慧。

不要让欲望变成贪婪

欲望，是人的一种本能。当面对金钱、权利、爱情等必须经历的过程时，似乎80%的人都没有想过满足，总认为自己应该还能赚到更多的钱，得到更大的权，以及更浪漫的爱情，而到了最后，很多人往往都弄得倾家荡产，狼狈不堪，孤独终身。

有人说欲望是天使，人不能没有它，没有它，人生将是危险的；有的说它是魔鬼，有了它，人可能无恶不作。我们理性地思考一下：如何控制欲望，利用欲望，化弊为利呢？

要成功，就要有欲望，如果没有欲望，就没有了人生的目标。人生没有目标，就好比在茫茫大海中失去方向的船。然而也要控制它，别让欲望吞噬了心灵。欲望正如一把双刃剑，控制好欲望之剑，它将为你所用，挥舞自如，如果控制不好欲望，最终你将被这把剑所灭。

俄国著名作家托尔斯泰写过这样一个短篇故事：有一个农夫，每天早出晚归，耕种一小片贫瘠的土地，累死累活，收效甚微。一位天使可怜农夫的境遇，就对农夫说，只要他能不停地跑一圈，他跑过的地方就全部归其所有。

于是，农夫兴奋地朝前跑去。跑累了，他很想停下来休息一会儿，然而一想到家里的妻子儿女都需要更多的土地来生活，又拼命地再往前跑……有人告诉他，你到了该往回跑的时候了，不然，你就完了。农夫根本听不进去，他只想得到更多的土地、更多的金钱、更多的享受，终因心衰力竭，倒地而亡。生命没有了，土地没有了，一切都没有了，欲

望使他失去了一切。

故事发人深省，正如古希腊的《伊索寓言》里告诉我们的"贪婪往往是祸患的根源"，"那些因贪图大的利益而把手中的东西丢弃的人，是愚蠢的"。

欲望同时也是人前进的动力。人活着，当然要努力奋斗往前走，但也要知道什么时候该"往回跑"。不然，欲望发展至贪婪成性，就会在欲望中沉沦，迷失方向，走向绝处。由于人们的欲望常常是无止境的，尤其在钱财方面，因此总会陷入痛苦之中。

从前，有位樵夫长年累月地辛勤劳作，却始终无法改变贫困潦倒的境遇。他唯能每天烧香拜佛，祈求好运降临。终于有一天，樵夫的诚心打动了佛祖，他居然无意中在山坳里挖出了一尊百来斤的金罗汉，转眼之间，便过上了富裕的生活。与此同时，他的亲朋好友的数量莫名其妙地增加了十几倍，他们都不请自来地向他道喜。

可是，这位樵夫只高兴了一阵子，便又食不知味、睡不安稳地犯起愁来。他妻子劝导了好几次，都没有效果，于是埋怨道："以我们现有的家产，就算遇上盗贼，也不可能被立马偷光的，你又何必如此多虑呢！"樵夫深深叹了口气，道："你一个妇道人家，怎么能理解我内心的烦恼呢？怕失窃只是其中的一个原因——我最烦恼的事情是，世上总共有18尊金罗汉，我却只挖到了其中的一尊，其他的17尊至今仍不知下落。要是全部的金罗汉都归我所有，那该有多好！"说完之后，他又苦恼地用双手抱紧了头。他妻子这才醒悟过来，原来她的丈夫在为着一个不可能实现的愿望而犯愁。

上面的这个故事告诉我们一个道理：只有合理地控制自己的欲望，才会生活得幸福；反之，如果贪得无厌，那么陪伴自己的就只有痛苦

了，而且，贪欲与痛苦总是成正比的。

一群聪明的猴子喜欢偷吃农民的大米，为此，人们想尽一切办法制服它们：用装着镇静剂的枪射击，用陷阱捕捉……都无济于事，因为它们反应太快，动作太敏捷。后来，一个动物学家找到了捕捉猴子的方法：将一只窄口的透明玻璃瓶在树干上固定好，放入大米。到了晚上，猴子来到树下，伸手去抓大米（这瓶子的妙处在于猴子的爪子刚好能伸进去），由于拳头紧抓着大米，爪子怎么也抽不出来。贪婪的猴子始终不愿放下已到手的大米。第二天，人们抓住它时，它依然不愿放手……

为了一把米，猴子失去了自由，这是聪明的猴子怎么也明白不过来的道理。它将手伸进瓶子时，满脑子只想着怎么将米吃进嘴里，是大米迷惑了它的思维，以致危险来了，它依然非要将这把致命的大米送进嘴里才安心。

人固然比猴聪明，但在面对利益诱惑时，也往往缺乏理智。明明知道是圈套，却又经不住诱惑，总以为既能得到自己想要的东西，又能进退自如。岂不知在伸手的瞬间，贪婪的欲望就注定了你落入他人设好的圈套，注定了被人牵着走。

心灵悄悄话
XIN LING QIAO QIAO HUA >>>

俗话说："世上莫如人欲险。"一个人的物欲越强，他的名利思想也就越强。如果物欲淡一些，甚至做到寡欲，也就比较容易淡泊功名，达到"人到无求品自高"的境界。

只有尽心尽力，没有十全十美

凡事尽职尽力、尽善尽美，这是一个人有责任心的表现。有了它，人类才不满足于茹毛饮血、刀耕火种，才有风起云涌、浪浪相推的农业革命、工业革命和信息革命；才有人类的进化和社会的进步。但是，如果在生活中把原本美好的完美放到一个不恰当的位置上，它也可以变成完全不美的东西。

有位叫金桦的女孩，曾以优异的成绩考取了某重点大学。但是，来自童年的某种深刻的自卑使她坚定地认为自己给异性同学留下的印象不完美，而这是她所不能容忍的。她历来的生活原则是：要么最好，要么不要。她总想给人以最美好的印象，但是又自信不能。既然不能，那就撤走这印象的原型。于是，她"毅然"决定退学。金桦的"毅然"换来了母亲无尽的眼泪和自己前程的急转直下。后来，在心理训练班里，她对自己的生活原则进行了痛彻的反思："我一直追求完美，但完美这家伙却越追越远，其结局往往是不完美，甚至可以用一个不是很雅的公式来概括：完美＝完蛋。"

生活中像金桦这样的人有很多。他们有的追求工作上的完美，永远只能第一，不能第二；有的追求人际关系上的完美，希望所有的人都能喜欢自己，容不得别人对自己有半点不满，也容不得别人有任何闪失和错误；有的追求生活上的完美，无论吃饭、穿衣，每个细节都要考虑再三……

　　一味追求完美境界的人往往既是自我嫌弃的高手，也是挑剔别人的专家。当自己不能达到理想中的完美高度时，他们很容易作茧自缚，自暴自弃；当别人没有自己所期望的那样完美时，他们又心怀不满和怨恨。在精神上和感情上他们只能享用"纯净水"，但是却忽视了一点：水至纯则无营养。问题并不在于这些对自己、对他人的挑剔是否有根有据，而在于为这种挑剔花费了多少心血、消耗了多少能量，却并没有改变什么。可见，完美主义一旦变成对现实的苛求，立刻就成为人们成长的陷阱。

　　有位博士生，博士论文写得拖拖拉拉，每到关键处就卡壳。可与此同时，他却完成了其他几篇很有水平的论文，还帮助好几位"师弟"有效解决了论文中的难题。后来通过心理分析才发现，他之所以对自己的博士论文"精益求精"，是因为与导师存在分歧和相互怀疑，可又不好明说。当理性的光辉照亮其潜意识中的阴影时，他不再苛求完美，论文反而高速度高质量地完成了。可见，完美主义有时也可以把雄鹰变成笨鸡。

　　过分追求完美的人，内心深处往往有一种不安全感和自卑感。他们希望时时事事都能得到别人的肯定和夸奖，而害怕被别人拒绝或否定；为了避免出现不完美，他们不惜多花许多时间、气力去做事情，结果降低了自己的生活效能。而有些完美主义者，是想法的巨人，行动的矮子。

　　我们总是在尽力做好每一件事情，却往往得不到别人的认可，或者不能取得成功。为此，我们十分苦恼。其实，与其越做越糟，不如洒脱地放弃。前面总会有更好的风景在等待着我们去欣赏，何必为眼前的这点儿暗淡境遇延误生命的美丽呢？

　　只要做好应该做的事情，就是值得称赞的。在生命结束的时候，一个人如能问心无愧地说："我已经尽了最大的努力。"那么他此生也无

悔了。

我们都应该认识到自己的不完美。全世界最出色的足球选手，10次传球，也有4次失误；最出色的篮球选手，投篮的命中率，也只有五成；最精明的股票投资专家，买五种股票也有马失前蹄的时候。既然连最优秀的人做自己最擅长的事都不能尽善尽美，我们的失误肯定更多。每个人都有自己的感觉，都会根据自己的想法来看待世界。所以，不要试图让所有的人都对你满意，否则你将永远也得不到快乐。

从前有一位画家，想画出一幅人人见了都喜欢的画。经过几个月的辛苦工作，他把画好的作品拿到市场上，在画旁放了一支笔，并附上一则说明：亲爱的朋友，如果你认为这幅画哪里有欠佳之笔，请赐教，并在画中标上记号。

晚上，画家取回画时，发现整个画面都涂满了记号——没有一笔一画不被指责的。画家心中十分不快，对这次尝试深感失望。

画家决定换一种方法再去试试，于是他又摹了一张同样的画拿到市场上展出。可这一次，他要求每位观赏者将其最欣赏的妙笔都标上记号。结果是，一切曾被指责的笔画，如今都换上了赞美的标记。

画家不无感慨地说："我现在终于明白了，无论自己做什么，只要使一部分人满意就足够了。因为，在有些人看来是丑的东西，在另一些人眼里则恰恰是美的。"

现实生活中，我们也常常遇见类似的事情。当某人做了一件善事，引起身边同事们的注意时，会听到各种截然不同的评论。张三说你做得好，大公无私；李四却说你野心勃勃，一心想往上爬；上司赞你有爱心，值得表扬；下属则说你在做个人宣传……总之，各种各样的议论，有的如同飞絮，有的好似利箭，一一迎面扑来。怎么办呢？最好的办法，就是抱着"有则改之，无则加勉"的态度。

别人说的，让人去说；别人做的，让人去做。嘴巴长在别人脸上，

你想控制也控制不了。然而，绝不要被人家的评论牵住自己，更不要因别人的言语而苦恼。记住，自己就是自己，自己才是自己的主人！

在一个人的生活圈中，起码有一半的人不赞成你所说的话。因此，无论你什么时候发表意见，总是会有50%的机会，也总会面对一些反对意见。

明白了这一道理后，当有人不同意你所发表的看法和观点，不要觉得自己受到了伤害，也不要立即改变你的意见以赢得赞誉之词；相反，你应该提醒自己，没有人会是十全十美得让每个人都满意的。了解了这一点，也就找到了走出绝望的捷径。

现在许多人的通病就是不了解自己。他们往往在还没有衡量清楚自己的能力、兴趣之前，一头栽进好高骛远的目标里，每天经受着辛苦和疲惫的折磨。他们希望获得他人的掌声和赞美，博得别人的羡慕之情。为此，欲将自己推向完美的境界，做什么事都要尽善尽美。久而久之，他们的生活就变成了负担和苦闷，而不是充实和享受了。

心灵悄悄话
XIN LING QIAO QIAO HUA >>>

人贵在了解自己。根据自己的能力去做事，才能真正获得喜悦。不管什么时候，都不必刻意去追求所谓的完美境界，重要的是每一步都能走稳。

世上没有全才

人的才干可能有长有短，但绝对的全才和专才是没有的。人也不可能是全能的，无论哪件事，都一定会有比自己做得好的人。玩什么也不必非得精通，从创造性的消遣中自得其乐，仍不失为自我改造的办法。美国的斯特莉克曾给人们留下了这么一个颇具欣赏和玩味的故事：

一天下午，斯特莉克正在弹钢琴，7岁的儿子走了进来。

他听了一会儿，说："妈，你弹得不怎么专业啊？"

斯特莉克说："不错，是不怎么专业。任何认真学琴的人听了我的演奏都会退避三舍，不过我并不在乎。"

多年来斯特莉克一直是这样不专业地弹着，但是她一直弹得很高兴、很开心。

斯特莉克也喜欢"不专业"地歌唱和"不专业"地绘画。以前她还自得其乐于"不专业"地缝纫，做久了做得还算不错。斯特莉克在弹琴、绘画方面的能力不是很强，但她不以为耻。在斯特莉克看来，任何人能够有一两样爱好就够了。

在人们的眼中，谁若是会唱歌、画画、拉提琴，仿佛就能显示其高雅的素质。

可是在如今竞争激烈的社会上，我们不可能做到样样精通，行行优秀，好像自己必须成为全能的专家一样。斯特莉克的经历，告诉我们一个道理：不管从事什么活动，都不要勉强自己达到超越自我的能力，去

奢求难以企及的标准或目标。

我们不反对自我的进取，但也不赞成盲目超越自我，让目标、干劲和好胜心存在于合理的范围内才是值得钦佩的。可是，现在许多人已不知道何谓合理范围。

就像下面的白兔子那样，依然可以得到满足。

两只兔子在森林里散步，白兔子的鞋带有些松散了，它却视而不见，依然悠闲自得地往前晃晃悠悠。灰兔子好心地提醒说："你真懒，把它系上不好吗？"

"又没什么猛兽赶来，急什么？"白兔子回答道。

灰兔子又问："为什么要有猛兽追赶你才会系鞋带呢？"

"那个时候我就会跑得快啊！"白兔子说。

"但是你也跑不过猛兽啊！"灰兔子提醒道。

白兔子半开玩笑地说："我不是要跑得快过猛兽，我是要跑得快过你。"

这个寓言告诉我们：你不需要比所有人都强，只要强过自己的对手或同行就行了，这样就足以使你出类拔萃。

全才肯定会更能适应现在这个社会，因为他们有很多选择的余地，可以在许多不同工作环境里工作。只要他用心，肯定会脱颖而出。全才不一定是 365 行样样都行，但至少要会几种东西，并且要精。如果各方面知识都涉猎但只会皮毛的人，就算不上是全才。因为他只"全"不"才"。

当然，也不是说专才就不适应现在社会，只要找准自己特长方面的工作，一定比一些只懂得皮毛的"全才"要优秀。

专才有专才的好处，因为他很"专"，所以只会在某一方面下功夫，不会盼东顾西，而且用心去做自己专长的事情，干起来也得心应手。

俗话说："只要功夫深，铁杵也能磨成针。"所以说无论是想成为全才还是专才，都必须下功夫。"才"字不是全才和专才自己评的，只要你在某一方面或是几个方面干起来比一般人强一些，更专业些，就不会被社会淘汰。

另外，有些人对自己提出过高的要求也不切实际，变得好高骛远时，失望也就随之而来。由于他们与现实脱节，而现实与愿望总是存在着差距，因而他们得不到满足，更没有快乐可言。实际上他们是在不断地给自己制造麻烦，因此很难轻松起来，甚至会感到沮丧不安。

有一个自以为是全才的年轻人，毕业后屡次碰壁，一直找不到理想的工作，他觉得自己怀才不遇，对社会感到非常失望。

多次的碰壁也让他伤心而绝望，他感到没有伯乐来赏识他这匹"千里马"了。痛苦绝望之下，他来到大海边，打算就此结束自己的生命。在他正准备跳下去的时候，有一位老人从附近走过，看见了他，并且阻止了他。老人问他为什么要走绝路，他说自己得不到别人和社会的承认，没有人欣赏他重用他……

老人从脚下的沙滩上捡起一粒沙子，让年轻人看了看，然后随手扔在地上，对年轻人说："请你把我刚才扔在地上的那粒沙子捡起来。"

"这根本不可能！"年轻人说。

老人没有说话，从自己的口袋里掏出一颗晶莹剔透的珍珠，也是随意地扔在地上，然后对年轻人说："你能不能把这颗珍珠捡起来呢？"

"当然可以！"

"那你就应该明白是为什么了吧？你应该知道，现在你自己还不是一颗珍珠，所以你不能苛求别人立即承认你。如果要别人承认，那你就要想办法使自己成为一颗珍珠。"年轻人蹙眉低首，一时无语。

有的时候，你必须知道自己是普通的沙子，而不是价值连城的珍珠。要卓尔不群，就要有鹤立鸡群的资本才行。

所以，如果忍受不了打击和挫折，承受不住忽视和平淡，就很难达到辉煌。若要自己卓然出众，就要努力使自己成为一颗珍珠。

心灵悄悄话
XIN LING QIAO QIAO HUA >>>

我们每个人都应该根据自身的能力，去做一些力所能及的事情，不要求自己事事精通，有一两样做得不错，就已经足够。

勿以善小而不为

"善"虽小，只要是对社会有利的事，多"小"的"善"也值得去做。有这样一个故事：

穷苦的农夫弗莱明在一个偶然的机会中救了一个垂死的小孩。孩子的父亲——一个有钱的绅士想报答农夫；农夫不愿接受。后来，绅士看见了农夫的儿子，与农夫定下了协议：把农夫的儿子带走，让他接受良好的教育，将来成为更有用的人才。

若干年后，农夫的儿子成了举世闻名的大科学家，也就是盘尼西林的发明者，并因此获得了诺贝尔奖。后来绅士的儿子染上了肺炎，是盘尼西林救了他。那位有钱的绅士就是上议院议员老丘吉尔，他的儿子就是后来的英国首相丘吉尔。一个小小的不起眼的农夫的一点点善心，竟然给全人类带来了这么大变化，真是"善莫大焉"！如果当初他没有发善心救那个垂死的孩子，那我们便会损失一位伟大的政治家、损失一种医治肺炎的良药和一位能诊治炎症的有用之才。

人生短暂，干大事固然可以为社会作出更大的贡献，但又有多少机会可以去干那些惊天动地的大事呢？绝大多数人的一生还是在做着一些平凡的小事中度过的，人生的价值也是靠这些小事来体现的，千万不要因为善小而不为。

伟大与平凡之间没有绝对的界限，平凡之中也常有伟大之处，但却往往被人们忽视了平凡之中的那种伟大。据报载，教师节前夕山东高密

的一位普通小学校长姚灵光荣获了山东省富民兴鲁五一劳动奖章。他在接受记者采访时说了这样一句看似平常却掷地有声的话："教育无小事，校长无大事。"他还说："育人目标和结果是大事，手段和过程是小事。关键在于校长怎样引导和督促师生把每件小事做精彩。小事做不好的人，大事一定做不好。"

姚灵光的"成大事"植根于"做小事"。他主持制订的本校教师《行为规范50条》，六易其稿反复修订，对教师的教育教学行为尽可能地作了约束规范。姚灵光说："小学生模仿性极强，老师的一个动作、一句话、一个眼神儿，都可能让他们铭记终生。稍有不慎，就会产生无可挽回的副作用。特别是小学年轻教师多，加快从教师到师表的历练非常重要。"

姚灵光设立的"做小事"系列，将师德的提升，尤其是师爱的确立列为头等大事："师爱比渊博的知识更重要！"采访中，一位老师对姚灵光这句话所作的阐释是："老师对学生的爱不是母鸡对小鸡的爱，而是对生命应有的尊重和敬畏。""让老师走进每个学生的心灵，读懂孩子的眼神，用爱与美德打造师生共同的精神家园。"做好了"小事"的老师，自然就会发现并指导学生该做的"小事"。姚灵光说："习惯形成性格，性格影响命运。小学生的教育关键是'养成'。根据不同的年龄段确定相应的养成目标，低、中、高年级梯次递进，形成一个完整的小学教育系列。"机械地要求孩子每天给父母洗一次脚，其实无法落实，效果也不会好。姚灵光的做法是：实事求是地触动孩子的心灵，体味幸福生活的来之不易。比如提倡学生主持一天家务，了解父母每日的辛劳；组织学生到纺织厂车间，目睹社会财富创造的不易；帮助蔬菜商经营一天摊点，体味挣钱的艰辛……姚灵光关注的小事，有时实在太"小"，比如他要求低年级学生上厕所带手纸，是因为他发现有些小学生在忙乱中会撕下作业本当手纸。后来老师在新生入校的第一次班会上提出：每个同学要带一块抹布、一沓手纸和一个盛纸屑的塑料袋。

在姚灵光看来，仅仅做对作业还不够好，还要书写规整、簿本整洁，以体验学习之美；仅仅与别人打招呼还不够好，还要真诚对视、面带微笑，以享受交流之美；走路左摇右晃当然不够好，要昂首挺胸、步履矫健，以展示自信之美。一件件不起眼的小事，一个个下意识的习惯培养，取得好的学习成绩就是顺理成章的事了。

三国时的刘备为了世袭蜀制，延续蜀业，在弥留之际，遗诏刘禅说："勿以恶小而为之，勿以善小而不为。"正是由于他做事认真细致，不错过一丝一毫的善事，才使得天下豪杰争相归附，有了与曹操、孙权抗衡的能力。时隔千年，今天重温这一古训，仍有一定的现实意义。

人世间有许多事，只要你想做，都能做到。正如俗话所说，没有办不到的，只有想不到的。很多成功的人，并不一定都有着超人的智力、非凡的体力、钢铁般的意志或显赫的背景、难得的机缘，但他们一定有着勇敢的精神、不妥协的毅力和朴实而勤勉的态度。

老子云："合抱之木，生于毫末；九层之台，起于累土；千里之行，始于足下。"我们应该做到做人不贪大，做事不计小。从小事做起，从小处做起，只有这样，才能真正做成、做好我们所要做的大事。

心灵悄悄话
XIN LING QIAO QIAO HUA >>>

生活如链条，细节如链扣。只要能本着做人不贪大、做事不计小的心态，抓住细节，我们的生活便会更加美好。

拥有淡泊的生活

淡泊是一种品格，一种境界，一种美德，一种做人的要求；淡泊也是一种简单，一种超然，一种执着。淡泊使人清醒，使人明智，使人坦然；淡泊可以使人明辨是非，但不计个人得失。生活中的这份淡泊，是文化修养与人生经历凝练的结晶，有了这份淡泊，在困境中就拥有了绵绵不绝的力量。淡泊也是一种力量，在冲突与不愉快发生时，它能使你心静如水。

在生活中常会听到一些人叹息着强调他们的生活是怎样的淡泊宁静。可在那一声叹息的背后透出的却是种种无奈。难道不思进取、逃避现实就淡泊了吗？到底该如何淡泊？

淡泊，是一种纯粹的感觉，一份远离名利和非分欲望的清澈心智。上学的时候，看到诸葛亮的"非淡泊无以明志，非宁静无以致远"的名句，朦胧中感到那是一种高尚、神秘和圣洁。在那样的心境下，人生清淡得好似一杯通透的绿茶，更像湖面上清风吹过的微波，小溪里无痕的淡月，宁静而雅致。入境的人独享着那份心境，体会着那份恬淡。

可有人将一种不思进取的退缩的生活态度也叫作淡泊。

他们在人生这个大舞台满怀激情地展示自己时，或是屡遭人生挫败，或是遭遇无情与冷漠。于是热情不再，也厌倦了与人交往。他们不再参与生存所需的不断充实、更新和竞争，也放弃了曾经的梦想和追求。自认为已看破红尘，倍觉世态炎凉，对待任何事物开始淡漠旁观，与世无争，独来独往。

可是，在客观的世界里充满了积极的和消极的竞争与诱惑。相应

的，人也就有了各色的欲望。人类的欲望无时不在唤醒各自追求的意识。在追求的过程中，要经历与大自然的对抗，与邪恶势力的对抗，甚至与自己的不良习性的对抗。于是就有了人类的文明、社会的进步。

然而，人们在追求完美的人生目标时，并不是一帆风顺的。屡遭失败就轻言放弃，去找寻所谓的淡泊心境，并不是真正的"淡泊"，而是逃避，是无奈，是借口。人生没有了执着追求，没有了明确的生活目标，也就没有了从容的步履，生活会更加枯燥、更加痛苦。如果遭遇挫折就放弃，就回避，那社会岂不要停滞不前？人类岂不要日益退化？可见，盲目地淡泊人生是消极的，是不可取的。

有一位中国的 MBA 留学生，在纽约华尔街附近的一间餐馆打工。一天，他雄心勃勃地对着餐馆大厨说："你等着看吧，我总有一天会打进华尔街的。"

大厨好奇地问道："年轻人，你毕业后有什么打算呢？"

留学生很流利地回答："我希望学业一完成，最好马上进入一流的跨国企业工作。在那里不但收入丰厚，而且前途无量。"

大厨摇摇头："我不是问你的前途，我是问你将来的工作兴趣和人生兴趣。"

留学生一时无语。显然他不懂大厨的意思。

大厨长叹道："如果经济继续低迷下去，餐馆不景气，那我就只好去做银行家了。"

留学生惊得目瞪口呆，几乎疑心自己的耳朵出了毛病，眼前这个一身油烟味的厨子，怎么会跟银行家沾得上边呢？

大厨对呆鹅般的留学生解释说："我以前就在华尔街的一家银行上班，天天披星戴月，早出晚归，没有半点自己的业余生活。我一直都很喜欢烹饪，家人朋友也都很赞赏我的厨艺，每次看到他们津津有味地品尝我烧的菜，我就高兴得心花怒放。有一天，我在写字楼里忙到凌晨 1 点钟才结束例行公务。当我啃着令人生厌的汉堡包充饥时，我下定决心

要辞职，摆脱这种工作机器般的刻板生活，选择我热爱的烹饪为职业。现在我生活得比以前要愉快百倍。"

这个事例，对于中国人来说是不可思议的。因为，中国人在选择职业时，第一看体面，第二看收入，两者兼得，就足以在人前人后风光炫耀了。成败荣辱，全都摆在面子上，而面子是要人捧的，如果无人喝彩，就如同锦衣夜行般无趣。可对于西方人来说，无论从事任何职业都没有高低贵贱之分，他们更注重的是对事业的兴趣。而且，自我价值的实现，成功与否的体现，不必通过与别人比较来证实，更不需要别人的肯定来满足。

因此说，淡泊并不是不思进取，而是要用一个纯美的灵魂积极地对待生活，追求更加完美的人生，这样才能让心智清澈，让生活从容而恬淡。在人生的征途上，要让淡泊成为审视行为的驿站、荡涤名利的港湾。

心灵悄悄话
XIN LING QIAO QIAO HUA >>>

淡泊的人生是一种享受，一个快乐的人生，不一定要赚很多的钱，也不一定要取得很了不起的成就。在一份简朴平淡的生活中，活得快乐而自在，也是一种上乘的人生境界。

追求简单的生活

现实是一个"复杂"的社会：复杂的人心，复杂的政治，复杂的媒体，复杂的法令，复杂的财政，复杂的产品，复杂的人际关系……在全球化的今天，已不可能"以不变应万变"，而对付复杂只有靠简单。面对牛毛般的法令，最简单的对策就是"不触法"；面对纠缠不清的利益纷争，最简单的对策就是"不参与"；面对层出不穷的诱惑，最简单的对策就是"不动心"。

天下本无事，庸人自扰之；做简单的人，不世故，不虚伪，不自欺欺人，不在错综复杂的人际关系网中作茧自缚；以平静的心去对待世间的万事万物。做简单的人需要真诚，需要勇气，需要坦率，需要不断舍弃心灵的累赘和迷茫。

追求简单的生活，做简单的人，不是幼稚和退缩，也不是头脑简单和不去奋斗却想追求进步；而是要洗净心灵的积垢，保持心灵的简约与宁静，不为纷繁所扰。做简单的人是用自己的行动，对生活词典里的一些词汇做最简洁明了的注释，爱、幸福、快乐、希望、阳光、生命、真诚清静、平等慈悲。做简单的人，爱恨之心都已消失，他不执意爱某人，也不执意恨某人。但当你来到他跟前就能感觉到有一种深深的爱散发出来，那是一种单纯的品质在散发。你若需要爱，他就是全部的爱的化身；想要智慧，他就是全部的智慧……

追求简单的生活，完全满足于现状，享受现有的生活；生活中的点点滴滴对于追求简单生活的人来讲，都是一种享受。直接进入生活，面对生活，不加分别地生活，他不需要知道何谓生活，只是去感受生活，

完全和生活融为一体，他融入了整体之中。他所做的一切都是处在整体之中，既没有得的感受，也没有失的感受。

做简单的人就像太阳一样，不会在意人们对他是好是坏，有人说他好，必然也会有人骂他坏，然而太阳并不会因人们的谴责与赞叹而改变自己的轨道。

人类的痛苦几乎大半都来自比较，将自己和周围的人做比较，自私自利，我执我见，严重困扰着人们；倘若能够进入内在，使灵性开花，也就不会和外在的人与事物比较了，简单的人喜悦、宁静、满足、仁慈博爱，因为他内在的灵性之花盛开了。

其实，追求简单也是一种生活哲学。人为物累，实在不是明智的选择。拥有的财物超过实际需要太多，便成为累赘，是没有任何意义的。而现代人却不这么想，都像能活千秋万代似的，有了这个要那个，走到这山看那山，欲山无顶，欲壑无底，致使人们终日为了赢得而奔波忙碌，无暇一顾闲云静花。须知，一个人如果在欲望之路上走得太急太远，就丧失了起码的自在，还何谈享受生活？

人生已经够复杂的了，令人头痛的东西也够多的了。如果我们能够追求简单，或许就会走出繁复冗杂的生活，多获得一些悠闲，远离烦恼和痛苦。据说佛门大派临济宗的创始人义弦禅师向弟子们讲法，说到佛禅的最高境界时，妙语惊人：佛法是无须用功，也无处用功的。佛法只是平常无事，屙屎撒尿，冷了穿衣，困了睡觉……此语既出，不仅众弟子讶然，便是尘世中人，也会大感意外吧？然而，细品味禅师的话，却悟出了禅机：世上最玄妙复杂的往往也是最简单的，佛法当然也不例外。简单不仅是万物的根基，它本身也是生命自在的。

说到这里，不禁想起了一句话："良田万顷，日食三餐，广厦万间，夜眠八尺。"现在想来，这古朴的老话和现代人开始追求过得简单，享受简单的生活理想，倒是殊途同归。

简单的生活实在是人生中的至美，一种值得追求的至高境界。其实，生活原本很简单，只是由于人为制造的原因，才使之变得复杂起

来；而这种复杂的活法又多是功名利禄惹的祸。还有一个使简单的生活变得复杂起来的原因，就是狭隘的心胸与偏执的心态。

其实，真正追求简单的人是最容易成功的。再聪明的人也无法认清世间万象，运转再快的头脑也跟不上世界万物的变化，所以老子要求人们"以静制动"，"以不变应万变"，还要"大智若愚"。如此才能掌握世间万物，掌握我们自己。这并不意味着根本不行动，而是要我们不动声色，不显山露水，不做无谓的争斗。

莎士比亚曾说："简洁是机智的灵魂。"简单不是浅陋而是美好，生活不正是如此吗？最简单的装扮往往是最美的，最简单的话语往往是最真诚的，最简单的行为往往是最能打动人心的。

心灵悄悄话
XIN LING QIAO QIAO HUA >>>

追求简单的生活不是糊涂而是一种智慧。生活永远不会平静也不会简单，但需要我们从中寻求平静，需要一种心智去化繁为简。

"面子"不等于尊严

中国人讲面子，无论是贵为天子，还是贱若草民，都把面子看得很重。没有面子就"没脸见人"，就没法生活在这个世上，说话没人听，出门没人理，随时有可能被抛弃。托人办事靠"面子"，受人之托靠"面子"，吃喝穿戴讲"面子"，风花雪月看"面子"，左右逢源有"面子"，前呼后拥显"面子"，欲盖弥彰假"面子"，不好意思爱"面子"。

"面子"的概念并不是东方所独有。西方社会学家戈夫曼将"面子"定义为一种积极的社会价值，在特定的环境中可以很有效地表现自己。戈夫曼是从个人主义文化出发来认识脸面的，他将人的社会交往描绘成戏剧表情，每个人都有与他人协调表现自己的方式，在社会环境中维持适当的形象，以确保获得他人的良好评价。

"面子"的含义不一而定。"面子"永远没有实际内容，总是华丽的外壳，任人套取各自所需的潜规则。"生命诚可贵，面子价更高。"人人都讲面子：希求不给父母、祖宗丢脸；"家丑不可外扬"是不给家庭丢面子；出了错千方百计掩盖也是为了面子。许多长者也都感慨："活了一辈子就为这张老脸啊！"跌跌撞撞前行在人生路上，我们只要稍一反省也会发现，所做过的许多事情，居然也都是为了面子。

从古至今，因为面子，我们可能做了许多蠢事，或做了许多违心、表里不一的事；因为面子，现代人的虚荣心日益膨胀，闻捧则喜，闻过则怒，逆耳忠言开始日渐消亡；因为面子，人与人之间的交往夹杂了些许欺诈与蒙蔽，而社会也在不断地被虚假充斥，真实、诚恳则成了昔日

黄花，难以寻觅。

为了面子，多少人都在用同样的借口："没办法""怎么说得出口""就那样了""不好意思""朋友嘛"等等，为自己找台阶下，岂不知这对自己包括家人是多么的无奈与不公。这不是很虚伪吗？

面子问题的确不能轻看。把面子问题看轻了，不是脊梁断了，就是骨里缺钙，会为人所不齿。袁世凯卖国求荣，汪精卫甘当汉奸，不仅仅是自己不要面子，连老祖宗的面子也让他们给丢尽了，以致落得千载骂名。

然而，也不能把面子问题看得太重了。在不该爱面子的时候爱面子，恰恰成了件很丢面子的事。有不少人，因为一句"丢面子"的闲言碎语而鸡争鹅斗，甚至不惜以命相抵。因为无论是说服了别人，还是被别人说服，或者谁都没能说服谁，都是很丢面子的事。

其实，只要认真思考一下，就不难发现，面子只不过是一种表面的虚荣，是虚假的体面，是异化的尊严。讲究尊严不能依赖于面子，而应依赖于人格，只有塑造高尚的人格，才能树立起人的尊严，因为人格才是道德品质的体现。

曾有一个人常因感到没面子而心情晦暗，便去找一位大师请教。大师说："当你再感到没面子的时候，就往口袋中放个鸡蛋，但要保护它不被打破，而且必须时时随身携带。一个月后再来找我，自然会告诉你答案。"这人照大师的话去做了，可放在口袋中的鸡蛋没过几天就变质发臭了，散发出极难闻的气味，不仅让别人避之不及，连自己也难以忍受。

一个月之后，再见到大师时，大师说："其实你口袋中的鸡蛋已然告诉了答案，越在意面子，就越放不下面子。面子就会像这个鸡蛋一样变质发臭，最后你自己都难以忍受。"大师又对他说："倘若你做了捍卫尊严的事，就往口袋里放一块金子，一个月后再来见我，我便会告诉你尊严和面子究竟有何区别。"这人也按大师说的去做了，但因清贫，

即使做了捍卫尊严之事，也拿不出金子往口袋里放。

一个月后再见到大师，这人显得精神愉悦。大师问："我知道你没有金子往口袋放，可为什么还这么愉快？"这人答道："我感觉做人有了尊严就很愉快，至于有没有金子放口袋里已经不重要了。"大师笑了："这就是尊严和面子的根本区别。尊严是做人的本质，会使心灵像金子一样闪光，面子只是一种表象，若为面子而虚伪地活着，时间一长，就像发臭的鸡蛋，连自己都厌恶自己。"

面子非得通过与他人的比较才谈得上，尊严则不以他人是否认可、欣赏为前提，有尊严的人，做到无愧于心，于愿已足；好面子的人，根本不知道啥叫"无愧于心"，凡是不能令他人刮目相看的举动，在他眼里都将毫无意义，这正是面子与尊严的区别所在。

心灵悄悄话
XIN LING QIAO QIAO HUA >>>

好面子的人外出旅游时，无论眼前山水多么美丽，如果他无法让人知道那地方的来头，山水在他眼里就会沦为一个猪圈。面子和尊严只具有皮相的相似，这份相似，最终会使浔面子的追逐者忘却尊严。

第五篇 >>>

心底无私，与人为善

当我们给别人送花时，闻到花香的首先是自己；当我们向别人扔脏东西时，先弄脏手的也肯定是自己。

常言说得好，"心底无私天地宽"。"心底无私"，就是做人做事坚持原则，光明磊落。这样的人当然会受人拥护、受人爱戴。相反，损人利己、见利忘义、违反道德的人，自然会受到人们的谴责和反对，有的甚至会受到众人的唾骂；其心里总是惶恐不安的。所以说，做人做事必须有颗踏实无私的心，才能走好自己的每一步，才能为自己的人生画一个圆满的"句号"。

奉献是一种快乐

奉献，如同清晨初升的太阳、山间流动的清泉、宽广无边的田野、奔腾不息的大海，能使不可能成为可能，使世界变得更加美好。

古往今来，多少仁人志士为了国家和人民的利益，作出了无私的贡献。李时珍历经千山万水，尝遍百草，为后人留下了医药著作《本草纲目》；林则徐暗查私访，不计个人得失，最终在虎门销毁英商的鸦片；鲁迅以笔作刀枪，唤醒了人们的良知……他们的行为是值得赞赏与肯定的，因为他们以民族利益为重，以为人奉献而乐。

"奉献"已经是一个老话题了，但它绝对不是一个过时的话题。我们先来看看这样一个故事：

传说，有一位公主患重病，危在旦夕。国王公告天下，谁要是能治好公主的病，不仅将公主嫁给他，还立他为王位继承人。有住在远方的兄弟三人，老大用他的千里眼，看到了这个公告，老二有日行千里的飞毯，而老三有一个可包治百病的苹果，于是兄弟三人坐飞毯来到皇宫，合力治好了公主的病。

到了论功行赏时，国王犯难了：因为救公主，兄弟三人都有功劳，但公主只有一个，把她嫁给谁好呢？经过反复思考，国王决定把老三招为驸马。国王的理由是，老大的千里眼、老二的飞毯用过一次后，东西还在，而老三仅有的一个苹果被公主吃掉后，就不复存在了。

国王的决定应该说是合理的，因为，奉献越多，收获越大。苹果只

简约——简单做人情满怀

有一个，懂得奉献的人，才是最能发挥它价值的人。

下面同样是一个很有意思的故事：

在某公司，有一批同一年被录用的大学毕业生，他们都被安排在销售一线。销售员的收入是按比例提成的。这一批毕业生都使出了各自的拿手好戏，最后领到的奖金也都差不多。几年后，公司销售部经理被提拔到决策层，谁来担任新的销售部经理呢？就在大家互相猜测时，公司召集所有的销售员开会，并推荐小刘作为候选人，征求大家的意见。小刘的业绩与其他同事相比并不是最突出的，但小刘两次配合公司工作，主动把自己开拓出来的市场让给两位同事，使两个长期分居的家庭得以团聚，也使公司的销售员队伍得以稳定。当公司负责人将这一点公之于众时，不仅那两位同事心服口服，其他同事也拍手鼓掌，百分之百通过。

通过上面的故事可以看出，奉献越多，收获越大。在我们日常的工作中，很多人都是在政策允许的范围内尽可能地为自己争取利益的，这是无可厚非的。但对于一个胸怀大志者来说，往往更具全局观念，在关键时，总比别人付出得更多一些，做得更好一些。他不一定要刻意为之，但早晚一定会被领导和同事们看到；他不一定总是能像故事中的老三和小刘那样得到最好的回报，但只要能坚守这种奉献精神，就一定会遇到赏识他的人的。

走入心灵深处，才能真正体会心灵的美好；懂得奉献与付出的人；才能感受关怀，才能获得幸福。

有一首歌唱得好："只要人人都献出一点爱，世界将变成美好的人间。"是啊，如果人人都能献出一点爱，那么世界还愁变不成美好的人间吗？

奉献是一种自我牺牲的行为。它是一种为了实现某一事业或理想，不顾个人得失，抛弃自己的切身利益，甚至牺牲生命的行为。不同时

期，它有不同的内容和表现形式，但就其核心而言，处理的是个人与社会的关系问题。从个人角度来讲，通过奉献行为，个人价值得以体现；就社会而言，个人的奉献行为满足了一定的社会需要，并得到社会的认可。

奉献也是一种快乐，是一种精神上的享受。"因为你快乐，所以我快乐"。快乐会在温暖中滋生和传递。"共享快乐"比"赠人玫瑰，手留余香"更富感情色彩，因为它多了一份温情、一点豁达、一份爱心。

心灵悄悄话
XIN LING QIAO QIAO HUA >>>

乐于奉献的人，脱离了低级趣味，淡化了物质享受。对于他们来说，人活着不是为了自己，而是为了整个世界。

与人为善

中国有句古语："与人为善"。这是说人不论到什么时候，都要以善的一面对待别人。劝人向善似乎大有禅意，其实这是一个每个人都要面对的对于个人很功利，对于社会很功德的现实问题。面对别人，也面对自己的内心，用"与人为善"自律、自省，追求和谐与美好，是一种大境界。

如何与人为善？

其实很简单，就是要善待他人。多一点谅解和宽容，少一点苛求与责难；多一点爱心，少一些冷漠；多一些欣赏，少一点"气人有、笑人无的浅薄"。能够看见别人的优点，并去欣赏它，赞美它，这是一种怎样的心境啊！

能真心祝福别人的幸福也是一种美丽的善良。永远与人为善，我们才能让自己的心境始终保持愉悦。这样的人，才会有健全的心理和健康的人生。与人为善，路就宽。如果可以做到这点，就没有了独木桥，大家都可以在阳关大道上阔步前进，达到理想中的状态。

与人为善是一种爱心的体现，也是一种人生智慧，但它常常会放射出比智慧更诱人的光泽。

有许多用智慧千方百计也得不到的东西，凭着与人为善却轻而易举就能得到。与人为善是一种蕴藏在人内心深处的珍贵的感情，是对人生的一种理解，对行为的一种负责。

生活中，许多人明知彼此都需要爱的温暖、感情的温馨，但却又常常用无端的猜测将满腔的爱意、友情冰封在坚硬的假面具后面。其实只

要你能真正付出你的真诚和善良，一定会引得共鸣，使你从中感受一份温馨，获得意想不到的收获。

与人为善是做人的一种积极的有意义的行为。它可以为自己创造一个宽松和谐的人际环境，使自己有一个发展个性、发展创造力的自由天地，并享受一种施惠与人的快乐，同时也有助于个人的身心健康。

现实生活中，有些人不讨人喜欢，甚至四面楚歌。究其原因并不是大家故意和他过不去，而是他在与人相处时总是自以为是，对别人百般挑剔，随意指责，人为地造成矛盾。只有处处与人为善，严以责己，宽以待人，才能打下与人和睦相处的基础。

与人为善并不是为了得到回报，而是为了让自己活得更快乐。

与人为善其实极易做到，它并不需要你刻意做作，只要保持一颗平常心就行了。在工作和生活中，我们无非是想丰富自己的生活，实现自己的价值。而这一切，归根结底，都来自是否善待他人。

善待他人是在寻求成功的过程中应该遵守的一条基本准则。

在当今这样一个需要合作的社会中，人与人之间更是一种互动的关系。我们只有善待别人、帮助别人，才能处理好人际关系，获得他人的愉快合作。

"良好的人际关系不单是行动上做出来的，更是从心底里流出来的。"这句富有哲理的话告诉我们：在人际交往中要以诚待人，用心和他人交往。

在追求成功的过程中，任何人都离不开与他人的合作。尤其在现代社会里，如果想获得成功，就应该想方设法获得周围人的支持和帮助。生活就是这样：对人多一分理解和宽容，其实就是在支持和帮助自己；善待他人就是善待自己。

与人为善是人际交往中一种高尚的品德，是智者心灵深处的沟通，是仁者内心世界里广阔的视野。

与人为善来源于高尚。"人性本善"，"世界终将大同"。有了这样的情操，人们的行动才有指南，人生杠杆才有支点，理想大厦才有精神

支柱。与人为善来源于自信。无论生活以什么样的方式回报他，他都能应对自如。与人为善是一种力量。它能征服人心、征服世界。

与人为善相对应的是与人为恶。

与人为恶者把一生的奋斗目标放在损人害人上，或者心胸狭隘，嫉贤妒能；或者疑神疑鬼，坐卧不宁；或者厚颜无耻，卑鄙下流；或者贪婪无度，违法乱纪……由于他们担惊受怕，神经高度紧张，必然导致五行失调、阴阳错乱、如入炼狱、如坠火海，最终的结果便是早衰早亡。而与人为善者经常处在和谐之中，人际平和、心态平和、豁达乐观、无忧无虑，其身必健，其寿自长。

与人为善是一壶洗涤灵魂的净水，而绝不是一种简单的同情心，它是一种无形的相助，一种博大的爱，一股矫正世俗的春风。

道家的始祖老子说得好："上善若水。""水利万物而不争"，与人为善者如水一样能溶解万事万物，化解人间恩仇；"海纳百川，有容乃大"，与人为善者能包容一切，气度恢宏，胸怀博大；"水质透明，清澈见底"，与人为善者白日为善，夜来省己，心如明镜……与人为善跟水一样博大精深。

善小而为之或善小而不为，受所处环境和心境的影响，受个人道德和修养的影响，受社会整体文明和和谐水平的影响。在脱离了"人之初，性本善"的阶段之后，与人为善是需要着力培植的。

从社会的角度看，对公民公德的要求是对与人为善的规定性培植；

从人性的角度看，激发与人为善的情感，是追求心灵美好安宁的有效途径；

从人的价值取向看，激励与人为善的追求，是社会和谐的基础；

从人的幸福指数来看，与人为善的普及程度越高，人的幸福感越强烈。

孟子说过："君子莫大乎与人为善。"那些慷慨付出、不求回报的人，往往更容易获得成功。

当然，与人为善的付出，理应不怀任何个人目的，不求任何回报，

你所付出与人的，不必念念不忘，而你所收获于人的，应当铭记在心。这就是与人为善的胸怀。总之，善待他人就是善待自己。如同那句古语说的：授人玫瑰，手留余香。

心灵悄悄话
XIN LING QIAO QIAO HUA >>>

在很多时候，你怎么对待别人，别人就会怎么对待你。在遇到困难的时候，你的善行会衍生出另一个善行。

保持真我

　　"真诚"是一个常常挂在嘴边的字眼，意思是：真实诚恳，没有一点虚假。而我们更愿意把真诚理解成认真、诚实、诚信，没有欺瞒。

　　在人生的舞台上最重要的信条之一便是真诚。我们呼唤真诚，大力宣传"做人要做老实人"的口号，并非没有缘由。然而在现实生活中，要做到真诚却不是那么容易，因为现实中人与人之间关系复杂，每一个人都有"自我"的两面性，即一个是经过包装的"外在自我"，一个是没有经过包装的"内在自我"。两者都具有适应社会的双重属性，是矛盾的统一体，但不可回避的是："外在自我"带有虚假性和伪装性，"内在自我"则是一种纯真，是人性中本性的表现。

　　爱特·威廉是一位大商人，但他的成功竟然是别人馈赠的。在他20岁的时候，还是个整日守在河边打鱼的年轻人，天地十分狭小，根本看不出将来会有什么辉煌的成就。一天，一位过河人不慎将一枚戒指掉进了河里，很着急，求助于威廉，请威廉帮他到水里摸一摸。谁曾想到，威廉一个上午别的什么也没干，反反复复扎到水下二十几次。最后当他一无所获的时候，他请全村的男人帮忙一起寻找。找到后，威廉丝毫没有提报酬的事，他说他只是想为过河人解决难题。不久，过河人出于感动，送给他一个在路边修补汽车轮胎的活儿。

　　有一天，一辆小车停在威廉的小店前，车上人要找一颗很不值钱但又很特别的螺丝钉，否则车无法行驶。威廉翻遍了自己的小店，也没有找到，于是他骑上自行车，赶了六七里路，在另一家修车店找到了。当

威廉满头大汗返回，并将那颗螺丝钉安装在对方的车上时，他却一分钱也不肯收。威廉真是太让人感动了。不久，这辆小车的主人特地赶来，给了威廉一个五金店让他代理经营。为什么威廉能够一次次获得别人的馈赠呢？就是因为他的真诚，他做事认真诚恳的态度和他付出不计回报的价值观。

在人与人的相互沟通与交流中，如果能够更多地以本来的"内在自我"真诚地与人交往，将会起到长久的效果。现实社会中的每一个人的外在形象，往往都被自身的社会地位、家庭背景、工作职位、学识高低等包裹着。这层外在的包装，使得人与人之间的交流与沟通产生了距离。但是，如果能撕开这层包装，人与人之间除了性格之外，在人格、尊严、生存需求等方面都是同等的，以这种无差异的"内在自我"与人真诚地沟通与交流，必将获得更多的尊重、信任与信赖。

在风起云涌的 IT 行业，有这么一个令人瞩目的人物：他曾经是微软的一个普通程序员，却因为一个"异想天开"的创意引起高层注意，成长为身价上千万的中国区总裁；2004 年，他又就任盛大总裁一职，创造了身价 4 个亿的神话……这就是从江苏常州的贫寒子弟一跃成为"天价"经理人的唐骏。当媒体问他："你是怎么成功的？"他给出了最好的回答："中国人最怕的是被感动。如果你感动了他，那么，他会为你赴汤蹈火。这是中国人的性格。"当他用真诚感动了同事、家人、上司、竞争对手、社会大众……他梦想中的成功，怎么会不随之而来？

真诚是人类最重要的美德，也是人与人沟通和交流的重要原则，它是基础，也是关键。与真诚相悖的是谎言、欺骗。试想一下：一个经常说假话、讲谎话的人和你说的些事情，你是相信还是不相信呢？答案显而易见。一个经常说谎话而缺少真诚的人，还有什么人敢与其打交道？真诚是无价之宝，有时它比金钱、才学、机敏、容貌更重要。

做人真诚不仅是理念，也是经验，不只是挂在嘴上说说，还需要用心对待。真诚会让生活非常坦然，谎言会让人坐立不安。俗话说："天下没有揭不穿的谎言。"不要让真诚成为一种迷惑对方的手段，也不要自以为很聪明、很高明，把别人都当成傻子。说谎实际上是一种愚蠢至极的行为，是在搬起石头砸自己的脚。现实生活中我们都需要与人真诚相处，朋友之间相处需要真诚，合作伙伴之间需要真诚，恋人、夫妻间更需要真诚相待。相信在生活中很少有人喜欢听谎言、愿意生活在谎言之中。谎言犹如一把双刃剑，伤人害己。这些最简单最朴素的道理，是否非要等到自食恶果时才能明白？

时有四季，天有阴晴，月有圆缺，人分老幼。任何事物都有它的两面性，真诚也是如此，并不是对于任何人都要表现真诚，比如对于你的敌人或是对手，就不能真诚，而更多的则是尔虞我诈与欺骗，但这些并不是我们所追求的。真诚需要以信任与信赖为基础，而信任与信赖的建立也非一朝一夕所能造就，它缘于彼此的一种默契、一种双方的宽容。如果缺少了彼此的信任与信赖，谈何真诚相处呢？俗话说：一个人如果没有感动对方，是因为诚意不够；不能把心真诚地交给对方，是因为不够信任对方。

真诚是可贵的，虚伪是可怕的。没有了真诚，这个世界除了污秽就是虚伪。做人千万别失落真诚，因为真诚没有代用品，人生的历程亦不可以重来，越珍惜的东西也越脆弱，越容易失去，所以真诚更显弥足珍贵，一旦玷污就很难还其清白。

面对剧变的社会和纷繁的生活，许多人感到人际关系变得越来越复杂，为人处世也变得越来越难。实际上，只要保持自己平和的心态，刚正不阿、坚守自己的道德底线，仍然会受到人们的钦佩。趋炎附势、奴颜媚骨、阿谀奉承，是最为人所不齿的，活在世上谁都瞧不起。

当今社会，趋炎附势、避世的人多，敢于直面丑恶并与之斗争的人少。有的人遇到有利可图的事，就削尖脑袋往里钻，贪图一点便宜；有钱有权势的人周围，趋炎附势的人聚集一堂，却大都是怀着一个贪字有

求而来的。如此以利益来驱动的人际交往不可能有人间真情，因而出现了"富居深山有远亲，贫在闹市无人问"，所谓世态炎凉便不足为奇了。

每个人都有欲望，也许你会为了得到提拔而绞尽脑汁地在领导面前表现自己的才能，也许你会对繁华的物质世界产生强烈的占有欲。或许你也知道这些欲望的产生对你来说不是一件好事，但终日的忙碌让你根本无暇思索这一切。当你能够静静地待一会儿时，不妨抓住这个机会，好好地反思一下自己的人生，你会感到心灵有一种从未有过的宁静。既然不能摆脱这个尘世，那么就应当学会经常反思人生，永远给自己的心灵保留一方净土。

权势名利是现实生活中必然要遇到的，但依然有许多在权力、金钱面前，保持高洁，不因权力而贪污、不因金钱而堕落的人。他们有人格、有原则，出淤泥而不染，视权势如浮云，即所谓"富贵不能淫"。中国古代四大名著之一《红楼梦》的作者——曹雪芹，不仅在文坛上享有盛誉，而且在人格魅力上也同样令人敬佩。

曹雪芹一生从不趋炎附势，而且对那些谄媚取宠的人十分憎恶。在都统老爷五十大寿的酒席宴上，他送去两坛水做的酒和一副对联。对联上写着"朋友之交，淡淡如水"。这极具讽刺意味的礼物辛辣地讽刺了都统老爷和客人们的虚伪。因为他们所谓的交情只不过是装出来的。而曹雪芹的人格也令人折服。

生活中，趋炎附势的人比比皆是，如果让这股风气继续扩展下去，我们的社会将无法想象。我们应该从自身做起，遏制这股歪风邪气。不要因为某人有权、有势、有钱就没有原则地和他混在一起，而对那些没权、没势、没钱的人另眼看待。世界上的事情是很难预料的，今天有钱、有权，明天也许就是阶下囚，我们做人要有自己的尊严，对人要平等，切忌"趋炎附势"。

现代社会，维护自尊是人的本能与天性，人人都想活在自己的尊严里。尊重自己，就要尊重自己的生命与价值。也许一些人认为做人会

简约——简单做人情满怀

"趋炎附势"才算圆滑，才算精明，才能获取最大的利益。但是，尊重自己人格的人，才能称得上是一个真正的人，才能真正实现自我的价值。

　　法国电影明星洛伊德将车开到检修站。一个女工接待了他。女工熟练灵巧的双手和俊美的容貌一下子吸引了他。

　　几乎整个法国都知道他，但这位女工却丝毫不表示惊异和兴奋。

　　"您喜欢看电影吗?"他禁不住问道。

　　"当然喜欢，我是个影迷。"

　　女工手脚麻利，很快就修好了车："您可以开走了，先生。"

　　他却依依不舍："小姐，您可以陪我去兜兜风吗?"

　　"不! 我还有工作。"

　　"这同样也是您的工作。您修的车，最好亲自检验一下。"

　　"好吧，是您开还是我开?"女工问道。

　　"当然是我开，是我邀请您的嘛。"

　　车行驶得很好。女工问道："看来没有什么问题，请让我下车好吗?"

　　"怎么，您不想再陪一陪我了? 我再问您一遍，您喜欢看电影吗?"洛伊德问道。

　　"我回答过了，喜欢，而且是个影迷。"

　　"您不认识我?"

　　"怎么不认识，您一来我就认出您是当代法国影帝阿历克斯·洛伊德。"

　　"既然如此，您为何这样冷淡?"

　　"不! 您错了，我没有冷淡，只是没有像别的女孩子那样狂热。您有您的成就，我有我的工作。您来修车就是我的顾客，如果您不再是明星了，再来修车，我也会一样地接待您的。难道人与人之间不应该是这样吗?"

洛伊德沉默了。在这个普通女工面前他感到自己的浅薄与虚妄。

洛伊德最后很有礼貌地对那位女工说："小姐，谢谢！您使我想到应该认真反省一下自己的价值。好，现在让我送您回去。"

一个人能否受到别人的尊敬，并不由他所处的地位和工作来决定。这位普通女工之所以能赢得对方的尊重，就是因为她重视自己的工作与价值。为人要正派，不趋炎附势、充当墙头草，那样做人不会失去尊严，不会丧失自身的价值。

庄子曾说过："不为轩冕肆志，不为穷约趋俗，其乐彼与此同，故无忧而已矣。"这句话大意是说那些不追求官爵的人，不会因为高官厚禄而沾沾自喜，也不会因为穷困潦倒、前途无望而趋炎附势、随波逐流，在荣辱面前一样达观，所以他也就无所谓忧愁。庄子主张"至誉无誉"，在他看来，最大的荣誉就是没有荣誉。他把荣誉看得很淡，他认为名誉、地位、声望都算不了什么。尽管庄子的"无欲""无誉"观有许多偏激之处，但是当我们为官爵、为金钱所累的时候，何不从庄子的哲理中发掘一点值得效法和借鉴的东西呢？

心灵悄悄话
XIN LING QIAO QIAO HUA >>>

那些所谓的"大人物"之所以高大，是因为你自己在跪着；在你仰慕他们头上的光环时，却忽略了自己的生活与价值。

享受给予的快乐

哲人说："人生需要给予。"无论是自己给予别人，还是别人给予自己，都是作为一种生活方式而存在着的。其实，人生在世每个人都在给予，只是有的给予为人所见，有的给予却不为人所知。但是这两种给予都是高尚的，值得歌颂的……这个世界正是有了给予，生活才变得如此美丽、如此让人留恋。

曾听过一个名叫沙都的人的故事。有一天，沙都和一个旅伴穿越喜马拉雅山脉的一个山口，在路上，他们看到一个躺在雪地上的人。沙都想停下来帮助那个人，但他的同伴说："如果我们带上他这个累赘，我们就会送掉自己的性命。"但沙都不想丢下这个人。当他的旅伴跟他分别后，沙都把这个人背起来，使尽力气往前走。渐渐地，沙都的体温使这个冻僵了的身躯温暖起来，那人活过来了。过了不久，两人并肩前进。当他们赶上那个旅伴时，却发现他已经被冻死了。

在这个事例中，沙都心甘情愿地把自己的一切，包括生命都给予另外一个人，他保存了生命。而他那无情的旅伴只顾自己，最后却丢了生命。如果我们都能够像沙都那样去做，以积极的方式给周围的人全面的关怀，就会对他们产生很好的效果，会使他们的人生更有价值，他们也会给予你丰厚的回报。著名的卡耐基就他的推销经历谈道："我每天早晨干活时都这样想：'我今天要帮助尽可能多的人，而不是要推销尽量多的货'，这样我就能找到一个跟买家打交道更容易、更开放的方法，

推销的成绩也会更好。谁尽力帮助其他人活得更愉快、更潇洒，谁就实践了推销术的最高境界。"

给予不仅仅局限于物质上，更重要的是精神上的给予。给予是一项伟大、神圣的精神行动。当有一天，你看见烛光里的妈妈，黑发泛起了白霜，眼里失去了光华，但是荧荧的烛光却映照出妈妈脸上的点点笑容——她付出了，并在付出中得到了满足。人们终于发现：伟大的母亲正是用人类最神圣的乳汁，把我们哺育长大。也终于懂得：获取固然快乐，但给予的快乐更多更大。

同样，给予也是寻找快乐的最好方法之一。把自己的爱心无私地奉献给别人，别人也会在你最困难的时候给予你帮助。在给予与回报的过程中，你会发现给予的魅力，它会使你永远生活在快乐的海洋中，抛开自私，重塑性格，无私奉献，快乐才会敲开你的门。

美国一位青年在18岁生日那天，央求富有的哥哥送他一辆漂亮的轿车作礼物。邻居一位十多岁的男孩看了后羡慕不已，在轿车旁左右端详。青年以为少年会说"要是有人送我一辆就好了"，但出乎他的意料，少年说的却是"我要是能送一辆给弟弟就好了"。青年深为少年的一颗诚心所感动，就主动用车送这位男孩回家。到家后这个男孩让青年稍等一下，并进屋用轮椅推出了弟弟——原来，男孩的弟弟身有残疾。此时，青年以为男孩要让他的弟弟也坐一坐这辆新轿车，可是他又错了——男孩指着轿车对自己的弟弟说："看吧，这是他哥哥送给他的礼物，将来我也要送给你这样的礼物。"两次误会使青年明白了：少年一心想的是要"给予"他人，而且因"给予"所得的快乐似乎远比自己"索取"所得的快乐多得多。

的确，给予的快乐是索取无法企及的，尽管有些给予显得那么微乎其微。可能只是一个真诚却不一定能够实现的梦想，可能是一个遥遥无期的承诺，甚至只是一个宽慰或赞赏的微笑，但这也许能让他人受益终

身。只因这给予多半是建立在坦荡无私的基础上的，因此这快乐就来得那么亲切和自然，那么真挚而感人。

世上每一件事都需要给予才能做到。当有了"给予"这个名词时，"获得"也就诞生了。世间万物有给予就有获得，当给予消失时，获得也就荡然无存了。但是，应该明白不是所有的付出都有回报，而没有付出就一定没有回报。这个道理其实很多人都明白，但很多时候当付出没有回报时，相信很多人都有几分失落和不甘。如何去调节这样的心态呢？此时，应该不断地告诉自己：不是付出没有回报，而是付出的不够，或者我们已经得到了另一种形式的回报了。

心灵悄悄话
XIN LING QIAO QIAO HUA >>>

如果说回报是高树上的一颗硕果，那么给予便是架设高树的梯子，只有沿着梯子攀登，才能摘下硕果。一分耕耘，一分收获，学会给予，回报才会张开它看似吝啬的双臂，主动向我们走来。

给盲人提灯笼

先给大家讲一个关于"盲人提灯笼"的故事。或许大家心里会觉得好笑，盲人提灯笼，不是多此一举吗？不过，等你看完故事，明白了其中的道理，你的想法将会改变。

那是一个漆黑的夜晚，没有月亮，也没有星星。一个路人因为有急事要去朋友家，为节省时间，便抄近路走进一条偏僻的小巷。路人心里害怕得咚咚直响，真后悔走这条路，可是事已至此，只得硬着头皮向前走。走着走着，突然，路人发现前面有一处光亮，似乎是一个人提着灯笼在走，路人疾步赶了上去，正想打声招呼，却发现他是一个盲人，一手拿着一根竹竿小心翼翼地探路，一手提着一个灯笼。路人纳闷了，忍不住问道："您自己看不见，为什么要提个灯笼走路呢？"

盲人缓缓地说道："这个问题不止一个人问我了，其实道理很简单，我提灯笼并不是为自己照路，而是让别人容易看到我，不会误撞到我，这样就可保护自己的安全。而且，这么多年来，由于我的灯笼为别人带来光亮，为别人引路，人们也常常热情地搀扶我，引领我走过一个又一个沟坎，使我免受许多危险。你看，我这不是既帮助了别人，也帮助了自己吗？所以，每到晚上出门，我总提着一盏灯笼。"

盲人说完，继续往前走路，赶路的人跟在他身边，再也没有说一句话，只是每有路障，路人都小心翼翼地扶他一把。该拐弯了，赶路的人想对盲人说句感谢的话，却不知该怎样表达才好。最后分手时，路人只说了一句："您走好！"这时，路人发现天空似乎亮了好多……

看了这个故事，你还会觉得盲人提灯笼是多此一举吗？对那个盲人来说，点灯笼确实是费蜡，可对别人来说，却很有用。正是盲人的灯笼带来了光亮，人们在黑暗中才不至于摔跤。同时，盲人自己也得到了帮助。这不正是帮助别人就是帮助自己的最好写照吗？

照亮别人，多么令人感动！一个盲人都能想到为别人带来光明，我们正常人呢？假如我们都能学学那个提灯笼的盲人，为别人照路，也照亮自己，该多好！

个人的力量总是单薄的，一个人无法去解决生活中的所有问题，而且，要一个人走完这漫漫人生之路，是多么孤寂，又多么危险。任何一个人都不可能离开他人的帮助。常言道："一个篱笆三个桩，一个好汉三个帮。"正是由于大家相互帮助，相互关怀，这世界才会这般温暖，这般美好。

我们应该时时伸出热情的手，帮助和关怀别人，因为我们的帮助，不仅能助人一臂之力，而且能给对方带来力量和信心，使他们有更大的勇气去战胜困难。特别是当一个人遇到挫折、处于逆境之中时，如果我们能热情相助，将会如雪中送炭，别人也定会有"滴水之恩，当涌泉相报"的感激。"危难中见真情"，很多人在受到别人真诚的帮助后，总能以更真诚的感激报答别人。

几年前，在"老北京胡同游"的三轮车队中有这样一位三轮车夫，他生活非常艰苦，妻子常年卧病在床，一对双胞胎孩子正在上学，全家人就靠他一个人蹬三轮车来维持生计。但他从来不怨天尤人，而且更让人感动的是当他见了比他还困难的人总要帮一把。比如，对那些年事高、身体弱的老大爷、老太太他总是免收拉脚钱；院子里有谁病了，他的三轮车常常就是救护车，哪怕三更半夜，他都要从床上爬起来，送病人去医院……他经常挂在嘴边的一句话是："对别人好就是对自己好，爱心能感染人。"

后来，事实证明，他的善心得到了回报。两个孩子争气，同时考上了大学，他却为孩子的学费愁白了头，家里实在拿不出那么多钱。这时，众人都伸出了援助之手。邻居、孩子的老师、同学家长，那些受过他帮助的人，纷纷解囊相助，不仅凑足了学费，还为孩子们送来了棉被、蚊帐、暖瓶等生活日用品，让两个孩子高高兴兴地迈进了大学的校门。

为人处事，不能仅从"为己"考虑，只有多为别人着想，人们才会给你友善的回报。

助人为乐，是中华民族的传统美德。但有些人，却很少愿意帮助别人。在他们眼中，没有谁比自己更重要，时时事事都从自己的利益出发，有事则登三宝殿，而不求于人时，则对人没有丝毫热情，更不要说去帮助别人了。这种人最终只会使自己走向孤立无援的地步，别人都会对他敬而远之。谁会愿意帮助一个自私自利的人呢？

当然，那些懂得做人道理的人，有着一副乐于助人的热心肠。在他们眼中，帮助别人是一件非常快乐的事。看到别人因自己的帮助而摆脱困境，重新振作，生活中充满快乐，自己也会跟着开心起来。这些人因为帮助他人而受到人们的喜欢，他们走到哪里，哪里都有朋友。他们遇到困难时，也必定会得到他人的热情帮助。

心灵悄悄话
XIN LING QIAO QIAO HUA >>>

当你给别人一份快乐时，你就拥有了两份快乐！伸出你我的手，让我们相互帮助，相互关怀，使我们的生活更快乐。

常怀感恩之心

感恩是一种生活态度，一种处世哲学，一种智慧品德。英国作家萨克雷说："生活就是一面镜子，你笑，它也笑；你哭，它也哭。"无论生活还是生命，人们都需要有一颗感恩的心。你对生活报感恩之心，生活将赐予你灿烂阳光。你只知怨天尤人，最终可能一无所有。有研究表明，在正面激励因素中，感恩被认为是培养道德良知、增强人格魅力和提升成长力量的最好的催化剂。感恩之心驱使下的人有别于常人，他们执着而无私，博爱而善良，敬业而忠诚，富有责任感和使命感。一个不知感恩的人，是素质不全面的人；一个缺乏感恩的集体；是没有凝聚力、向心力、战斗力的集体；一个抛弃感恩的社会，是充满尔虞我诈、假冒伪劣、没有安全感的社会。懂得感恩的人，总是对社会、对集体、对他人充满感激，并且将这种感激转化成刻苦学习、勤奋工作、孝敬父母、奉献社会的实际行动。

有一颗感恩的心，你会发现生活如此美丽，感到人生如此绚丽。不论你是腰缠万贯的富翁，还是沿街乞讨的流浪人，都要有一颗感恩的心，有了它我们的世界会更加美丽。

一个生活贫困的男孩为了积攒学费，挨家挨户地推销商品。他的推销进行得很不顺利，傍晚时他疲惫万分，饥饿难耐，绝望地想放弃一切。走投无路的他敲开一扇门，希望主人能给他一杯水。开门的是一位美丽的年轻女子，她笑着递给他一杯浓浓的热牛奶。男孩和着眼泪把它喝了下去，对人生重新鼓起了勇气。许多年后，他成了一位著名的外科

大夫。一天，一位病情严重的妇女被转到那位著名的外科大夫所在的医院。大夫顺利地为妇女做完手术，救了她的命。无意中，大夫发现那位妇女正是多年前在他饥寒交迫时给过他那杯热牛奶的年轻女子！他决定悄悄地为她做点什么。一直为昂贵的手术费发愁的那位妇女硬着头皮办理出院手续时，在手术费用单上看到的是这样七个字：手术费：一杯牛奶。作为回报，外科医生免除了那个女人的手术费。因为一杯牛奶曾使医生在孤独无助时获得春天般的温暖，在万念俱灰时看到了希望，在迷茫之中找到了曙光。

感恩是一种境界。感恩的人常想的是自己应该如何奉献；而不懂感恩的人，常想的是别人欠自己的，如何去索取。学会感恩，这是立身做人的要求。感恩不同于一般的知恩图报，而是跳出狭隘的视野，追求健全的人格，坚定崇高的信仰，树立远大的理想。不但关心自我，注重个性发展，更关心他人、社会、国家、民族和人类的进步事业。感恩需要砥砺德行，自觉培养良好的道德和高尚的情操。不仅要学会如何做事，更要学会如何做人。

一个流浪汉因饥饿而倒在街头，一位好心人给了他10元钱，那位流浪汉因这10元钱重新站了起来。对那位好心人感激不尽，他求好心人留下联系方式，以便有一天能回报他。好心人对流浪汉说：我曾经和你一样陷入困境，也是一位好心人给了我10元钱，让我走到了今天，那位好心人对我说了一句话，学会用一颗感恩的心去对待别人。所以今天我对你所做的一切，也是真心地希望，明天你也能学会用一颗感恩的心去对待另一个需要帮助的人……

正是感恩之心，使人与人之间多了一些融洽，少了一些隔阂；多了一些团结，少了一些摩擦；多了一些理解，少了一些埋怨。给别人掌声，自己周围也会响起掌声；给别人机会，成功正在向自己走近；给别

人关照，就是关照自己。感恩组织、感恩社会、感恩父母、感恩他人……让我们在感恩中，不断提升自身的修养和境界，不断服务社会、回报人民、担当责任，做一个让他人尊敬、令亲人自豪、受社会称道的人。

美国总统罗斯福就常怀一颗感恩之心。据说，有一次罗斯福家里失盗，被偷去了许多东西。一位朋友闻讯后，忙写信安慰他。罗斯福在回信中写道："亲爱的朋友，谢谢你来信安慰我！我现在很好，感谢上帝：因为第一，贼偷去的是我的东西，而没有伤害我的生命；第二，贼只偷去我部分东西，而不是全部；第三，最值得庆幸的是，做贼的是他，而不是我。"对任何一个人来说，失盗绝对是不幸的事，而罗斯福却找出了感恩的三条理由。

怀常感恩之心，你会快乐永存，能更顺畅地通向成功之路，人生旅途也会一帆风顺。无论何时，无论何地，我们都应怀有一颗感恩的心。感恩于朋友，给我们的友谊，让我们的生命旅程不再孤单；感恩于挫折，让我们在一次次失败中变得坚强；感恩于坎坷，让我们在不断完善自己中前行……就像罗斯福那样，在困境中依旧心存感恩之心。

要拥有一颗感恩的心并不难。只要你对阳光雨露的美有所感悟，对七彩绚丽的人生有一些感激，对父母的养育之恩有所感动，对所有人对你的爱有一丝体会；面对困难有几分乐观，面对挫折毫不气馁，让爱的阳光永驻于心，你便拥有一颗感恩的心。

拥有一颗感恩的心，我们才懂得去孝敬父母。

拥有一颗感恩的心，我们才懂得去尊敬师长。

拥有一颗感恩的心，我们才懂得去关心、帮助他人。

拥有一颗感恩的心，我们就会勤奋学习，珍爱自己。

拥有一颗感恩的心，我们就能学会包容，赢得真爱，赢得友谊。

千万不要小瞧这颗感恩的心，它是你茫茫大海中的指向标，是你通

向成功彼岸的风帆……有了感恩的心，你就有了一切。天地之间，万物有情。让我们永怀一颗感恩的心，不为什么，只为所接纳的和所给予的恩赐。

心灵悄悄话
XIN LING QIAO QIAO HUA >>>

拥有一颗感恩的心，我们就会拥有快乐、拥有幸福。我们就会明白事理，更快地长大，就能拥有一个美好的未来。常怀一颗感恩的心，可以使我们活得更充实、更有力量、更有价值。

摘掉"有色眼镜"

认识一个事物要从其"本源"入手，用自己的眼睛和心灵去体会、去感知，千万不要先入为主，戴着"有色眼镜"去看人、看事。否则，时间久了就会产生偏见，对事物的误会也会越来越多。

戴着"有色眼镜"看人，难免失真，容易形成偏见。所谓偏见，就是片面、偏激、不公正的见解，是一种妨碍认知信息的行为态度。其实，偏见人人都会有，说自己没有偏见的人就已经有了偏见。偏见造成的失误往往比愚昧造成的失误更离谱。

华佗本来是个以救死扶伤为己任的名医。他根本不问政治，可是曹操却持政治偏见去看他。华佗对曹操讲述关云长刮骨疗毒的好效果，劝告曹操的头风病也动动手术。而曹操以其特有的神经过敏来推想：华佗既然那么诚心给关云长刮骨疗毒，必然是做了蜀国的奸细。况且手臂开刀怎可以与脑袋开刀相提并论？这分明是华佗受了蜀国之托，利用医我头风病来行刺我。就这样，一位誉满华夏的名医于政治偏见之下断送了性命。华佗遇害之后，他的老婆也是用偏见的眼光看问题，以为是华佗的医理和药方害了他自己的命，于是便把那些医著当作废纸付之一炬。

偏见之所以比愚昧为害更大，这恐怕是由于偏见乱用推理来扭曲客观事实，弄得真假颠倒，面目全非。大者可以如曹操那样滥杀精英，给民族造成重大损失，小者也可妒意横生，埋没人才。

有一位先生初到美国不久，某个早上到公园散步，看到一些白人坐在草坪上聊天、晒太阳，他心想："美国人生活真是悠闲，有钱又懂得享受生活。"走了不久，又看到有几个黑人也悠闲地坐在草坪的另一边，这位先生不禁想到："唉！黑人失业的问题还真是严重，这些人大概都在领社会救济金过生活。"对于偏见还有这么一段妙喻，当你深夜走在街上，看见某扇窗亮了一盏灯。有人会说："这一定是母亲为还没有回家的子女在祷告。"也有人会说："老天，一定有人在偷情。"实际上这些发表评论的人并不了解实事的真相，而妄下定论是由于他们存在着偏见，颠倒了黑白，甚至玷污了世道。究其原因，就是他们总是用自己的"有色眼镜"去看人待物。

英国人哈兹立特有句话："偏见是无知的孩子。"说得一点都不错。"人""扁"为"偏"，人一旦有了偏见，就会把"人"看"扁"，也就有了"偏"。偏见总是在有意无意中影响着我们。一个人身体上有病，吃药打针也许就能痊愈。但是，如果有了偏见，就像有了毒素，会病入膏肓，不复救药矣！

生活中，虽然自己不能保证别人对自己没有偏见，但可以保证自己不对别人产生偏见。要让别人对自己少产生偏见，最好的办法就是堂堂正正做人，认认真真做事，尽量不做错事，少做错事，做了错事及时认识并加以改正。自己一定要好好修身养性，尽量做到善解人意，以诚待人，将心比心，决不偏听偏信，以一种海纳百川的心态对待人和事，努力营造一个和谐、轻松的工作环境和生活氛围。

一般人都相信自己的眼睛，以为自己亲眼所见的绝对不会错。其实眼睛看到的不一定就是正确的。我们看木匠吊线测量，都是只用一只眼睛来看，在他一眼比两眼正确；甚至不用眼睛看比用一只眼睛看，又更真实。不用眼睛看，而用心来看，才能看出真相；用眼睛看，只能看到表象，所以也可能会存有偏见。然而只有那些能认识到自己可能存在偏见的人，才不会带着"有色眼镜"去看人，才不会困陷到偏见之中。

带着"有色眼镜"看人是偏见之根源。一个人对某人某事一旦有了偏见，待人处事就会产生偏向，有偏见者常常把人把事看偏。其实，仔细想一想，就会感觉到我们身边就存在不少这样的人，在生活中也曾遇到过不少这样的事，或许我们本人就是一个偏见者。当一个人被偏见俘虏之后，对自己喜欢的人，就会只看到他的优点，缺点被偏见遮掩；对自己不喜欢的人，就只会看到他的缺点，优点被偏见覆盖；偏见也会给人带来偏爱和偏恨，"情人眼里出西施，情敌口里变东施"，讲的就是这个道理。

我们分析产生偏见的原因主要是为了谨防偏见，使每个人在生活中摘掉"有色眼镜"，以便能够客观、公平地待人和事，那么我们的生活就会多一些理解，少一些猜忌；多一些宽容，少一些狭隘，真正明白"尺有所短，寸有所长"的道理。因此，看人要看到他的长处，不要把眼睛只停留在他的缺点或短处上，不要让偏见蒙蔽了你的眼睛，俘获了你的心灵，以至影响了你的判断。通常情况下，有偏见的人常常意识不到或不愿意承认自己有偏见，因而克服偏见也是件很困难的事情。

要想克服偏见，谨防偏见，就要加强多方面的修养，在生活和工作中培养公正待人的优良品德，养成冷静观察问题的习惯，不要过于相信自己的印象，不去接受未加分析的判断，不听信流言，不随人说长论短。

心灵悄悄话
XIN LING QIAO QIAO HUA >>>

在评价一个人的时候，不人云亦云，而是要用自己的眼睛去看，用自己的耳朵去听，用自己的头脑去思考，正所谓"不可以一时之誉断其为君子，不可以一时之谤断其为小人"。

第六篇 >>>

对待工作，不能简单

　　做人与做事的佼佼者，其秘密无非是"简单做人，认真做事"。"简单做人，认真做事"是一种生活方式，一种成事手段，更是现代人不能不能了解的生存诀窍。在人际关系越来越复杂、生存压力越来越大的今天，若能找到一个做人做事的最佳方式，也就找到了一条通向绚丽人生的捷径。

　　简单做人，才能用心做事。简单是一种美，一种境界。置身其中，便会忘却工作的疲惫，生活的烦恼，人生的忧愁。做人，只要根植于简单这块土壤，绽放出的人生之花，就必定芬芳。

正确认识自己

生活其实是相当公平的。每个人都会面临各种挑战、机会，而此时你的目光、你的抉择就是你的命运。

古语："尺有所短，寸有所长。"人亦有"长"与"短"。人生的诀窍之一就是挖掘自己的潜力，经营自己的长处。人生一如平面直角坐标系，横、纵坐标便决定了你的位置。一个人如果站错了位置——选择用自己的短处而不是长处来立业的话，经历必然是十分困难的。有可能最后你会成功，但为此耗费的是比别人更多的时间与精力，代价的惨重也许是你不愿正视的；也有另一种可能，而且是最大的可能，你将为错误的选择而沉沦于永久的懊悔与失意之中。

了解自己的长处，保持热情并充分地加以利用，就会因此而改变自己的命运。美籍华人科学家、诺贝尔物理学奖获得者杨振宁教授，年轻时到美国留学，立志要写一篇实验物理论文，但后来他发现自己的动手能力不行，便在导师的劝告下，放弃实验物理全面转入理论物理的研究。这关键性的一步对他来讲实在是非常重要的。他在《读书教学四十年》一文中不无幽默地写道："这是我今天不是一个实验物理学家的道理，有的朋友说这恐怕是实验物理学的幸运。"

在对万物的各种看法之中，最重要的一项是对自己的看法。在整天所谈的事中，最具意义的也是对自己所说的话。我们每个人的潜能都是无穷无尽的，然而能发挥多少，全看如何认识自我、战胜自我。正确的自我意识的形成与健全需要付出艰辛的努力和沉重的代价，它是每个追求卓越、追求自我实现的人的终生课题。

有这样一位青年，大学毕业后已经工作两三年了。在听了一次成功心理课之后，他颇受启发和鼓舞，心情为之振奋。他在课上的当众讲话练习中说："所有的成功者，尽管他们的出身、学历、境遇、职业和个性等等各不相同，但有一点是共同的，就是自信主动。自信，是成功的第一要诀。今后，我一定要自信！"大家对他的发言报以热烈的掌声。然而，他回到公司后，又变得情绪低落了。为什么会出现这种反差呢？原来他所在的研究室，所有的工作人员都比他学历高。所以，不论他在家里想得有多么好，只要一上班就"前功尽弃"，感到的只有自卑而没有半点自信。

这还只是没有能够正确认识自我的一个方面。要想正确地认识自我，必须先知道自己是怎样的一个人。寻找自我，树立自我，相信自我。迷惘时不必祈求神灵，忧愁时不必寄情于深邃的夜空，最好的依靠就是自我。应当确信，上帝就是我！认识自我，客观地评价自我，才能找准自己的位置。孙子曰："知己知彼，百战不殆。"只有认识到真正的自我，才能放飞希望，去寻找属于自己的那片天空；去创造辉煌，奏响人生最美的乐章。

生活中，有人太看重自我，有人太轻视自我。太重视自我者往往目中无人，狂妄自大，久而久之酿成大祸。太轻视自我者往往丧失信心，甚至自甘堕落。怎样认识自我，发现自我的优势，怎样估价自我，发挥自我，绝不是一件简单的小事。

全面深刻了解自我，重要的是找准自己在现实环境中的位置。要正确地认识自我，首先，要从生理的自我、心理的自我、社会的自我三个方面来全面深刻地了解自己。认识到自己到底是个什么样的人，自己需要的是什么，目标又是什么，这样才能给自己准确地定位。要既能把自己放在大的社会现实环境和历史背景下认清自身的条件、能力、地位、责任等，也能把自己放在小环境中认清自己。这样才对理想自我的

构建、自我的发展以及人际关系的处理大有裨益。

其次，要对自己有信心。

日本保险业泰斗原一平在 27 岁时进入日本明治保险公司开始了他的推销生涯。当时，他穷得连中餐都吃不起，并且常常露宿公园。

有一天，他向一位老和尚推销保险，等他详细地介绍完之后，老和尚平静地说："听完你的介绍之后，丝毫引不起我投保的意愿。"

老和尚注视原一平良久，接着又说："人与人之间，像这样相对而坐的时候，一定要具备一种强烈吸引对方的魅力。如果你做不到这一点，将来就没什么前途可言了。"

原一平哑口无言，冷汗直流。

老和尚又说："年轻人，先努力改造自己吧！"

"改造自己？"

"是的，要改造自己首先必须认清自己，你知不知道自己是一个什么样的人呢？"

老和尚又说："你在替别人考虑保险之前，必须先考虑自己，认识自己。"

"考虑自己？认识自己？"

"是的！赤裸裸地注视自己，毫无保留地彻底反省，然后才能认识自己。"

从那以后，原一平开始努力认识自己，改善自己，大彻大悟，终于成为一代推销大师。"认识自己，改造自己"。这是我们一生中要努力追寻的目标。哪一种事情适合自己做？如何让周围的朋友喜欢自己？可以说是事业成功的关键。如入推销行列，首先便是推销自己——你的形象、修养、气质和人格。

多角度、多侧面来客观评价自我。一方面，既要进行纵向比较，将现实的自我和理想的自我做比较，看到自己的差距；同时，也要将现实

的自我与过去的自我做对照，看到自己的进步。另一方面，又要进行横向比较，与超过自己的、和自己相似的、比自己稍差的人做比较。要将上述各个方面获得的信息综合分析，以获得较为客观的评价。既不妄自菲薄，也不夜郎自大。同时又要避免盲目地接受他人的暗示和对权威与群体性心理的完全依赖。

心灵悄悄话
XIN LING QIAO QIAO HUA >>>

要有自己独立的意志，避免以一时、一事作为衡量评价自我的尺度，对自己有一个稳定的、概括的评价。

确定正确的目标

如果我们对目标的期望太高，事情发展的结果往往会事与愿违，导致期望越高，失望就越大，所以，应该追逐那些同我们自身的能力相吻合的目标。尽管有时候，目标同自己的能力大小互相吻合，但由于客观条件的影响，也会导致失败，这时我们就更应注意调整自己的坐标，减少因此可能带来的一些失望情绪。

当你朝着自己的目标前进时，只要放眼往前看，能看多远，就能走多远。当你到达目力所及的地方时，你会发现，还能看得更远……

人总是为着某种目标而生活。有了目标，人生就有了意义，有了方向，有了追求。一个人如果没有目标，就像射箭不知道箭靶的位置一样，永远也无法射中它。成功者之所以能够成功，最重要的一个因素是目标明确，时时盯着自己箭靶的位置。

有一艘三桅帆船在南海陷入狂风暴雨之中。为了减少风雨对船身的威胁，水手们卸下了两面船帆，正要卸下第三面船帆时，却发现齿轮出现了毛病，根本无法操作船帆升降。船长只好选派一名年轻的水手爬到桅杆的顶端，去解开系住船帆的缆绳。这位水手在风雨摇晃船身的情况下，即将爬到桅杆的顶端时，却胆怯起来，他紧紧抱住桅杆，不敢再移动分毫。虽然甲板上的人都为这年轻水手加油打气，但年轻水手却手脚颤抖地大叫："没办法，这儿太高，太摇晃……"一位老水手对他说："全船人的生命都操在你手中，现在听我的话，千万不要往下看，把你的注意力集中在桅杆的顶端，看着你要解开的那条缆绳！"

年轻水手听了老水手的话，便抬头望向桅杆顶端的缆绳。只见他三下两下就爬了上去，顺利地解开系住的缆绳，巨大的船帆急速落了下来。

老水手的话看似提醒年轻水手如何去解缆绳，其实也道出了目标的重要。有了目标，人的精力就能凝聚到一个焦点上，避免那些不相干的事分散注意力，会不由自主地朝目标前进。

人们常向世界歌坛的超级巨星卢卡诺·帕瓦罗蒂讨教成功的秘诀，他每次谈到目标凝聚了自己的全部精力时，总要提到自己父亲说过的一句话。刚从师范学校毕业时，他既痴迷音乐，又想去当教师。父亲对他说："如果你想同时坐在两把椅子上，可能会从椅子中间掉下来，生活要求你只能选择一把椅子坐上去。"帕瓦罗蒂听从了父亲的话，只选择了一把椅子——音乐。经过 14 年的努力与奋斗，终于登上了大都会歌剧院，成了超级巨星。

一个人的成功与他准确的目标定位是分不开的。有了准确的定位，就会按照自己的信念和目标来指导自己的一言一行，即使遭受挫折和失败，也会跌倒了爬起来，再跌倒再爬起来。目标定位准确，离成功就不会太远；目标定位不准确，想取得成功就非常艰难。因为一个人也许在这项职业上平庸无奇，而在另一项事业上却能大放异彩，所以在选择目标时，应该先给自己提供多种尝试的机会，"让生命多次曝光"，看看自己的才华在哪个方面能得到最大限度发挥。

目标的定位既要从实际出发，又要尽可能地让它越远大越好，就像日行千里的人和日行十里的人，精神状态一定不一样，登高山的人与爬山坡的人发挥的潜能也不相同。我们常常听到田径教练对跳远运动员说："跳远的时候，眼睛看远些，你才能跳得更远。"一个人追求的目标越远大，战胜压力的力量就越强，才力才会发展得越来越快，越来越大。伟大的文学家高尔基深有感触地说："一个人追求的目标越高，他的才力就发展得越快，对社会就越有益。我确信这是一个真理。这个真

理是由我的全部生活经验——即我观察、阅读、比较和深思熟虑过的一切——确定下来的。"

人们常常认为目标远大，难以实现。其实事情的难易，不在大小，重要的是：要有一个明确的目标，一个你真正想要去完成的目标。有了它，你就能不断地、生动地把这个大目标向自己灌输，使目标更加清晰、深刻，并且把它看作是一个已经实现了的事实，这样就会产生一种"稳操胜算"的心理。有了成功的心理，并且全力以赴地付诸行动，再大的目标也能实现。

谁选择谁受益，谁拥有谁成功。有些人做事之所以虎头蛇尾，屡遭失败，不是事情本身难度大，而是觉得成功与自己太远而先自放弃。如果你现在觉得自己的目标太远太大，遥遥无期，那就把自己的大目标分成几个可以实现的小目标，然后为每一步骤规定切实可行的期限，这样你从一开始就能看到成功的希望。许多成功者都是这样走过来的。我国女排运动员郎平进了北京队，眼里看到了国家队，到了国家队，又瞄准了世界的最高处，终于一级一级地不断攀登，成长为世界最杰出的女排健将。如果说郎平的成功是实现远大目标的"阶梯法"，那么日本长跑运动员山田本一的成功，采用的却是目标的"分段法"。

山田本一在 1984 年出人意料地夺得了东京国际马拉松邀请赛的世界冠军。当记者问他凭什么取得如此惊人的成绩时，他说："我是凭目标获胜的。"两年后，他又在意大利国际马拉松邀请赛上获得冠军。当记者采访他时，他仍说："我是凭目标获胜的。"当时人们对他的回答大惑不解，后来从他的自传中才弄清楚其中的奥秘。他说："我在每次比赛前，必须先乘车把比赛的路线仔细看一遍，并把沿途比较醒目的标志画下来。比如第一个标志是银行；第二个标志是一棵大树；第三个标志是一座红房子……这样一直画到赛程的终点。比赛开始后，我就以百米的速度奋力向第一个目标冲过去，到达第一个目标后，我又以同样的速度向第二个目标冲去。40 公里的赛程，就被我分解成这么几个目标

轻松地跑完了。"

一位哲人说过："目标能把握心灵的方向，唤醒身上的精灵。"如果你已经有了目标，企盼早日成功，那就从现在开始，把目标写在日记里，或者向自己及家人宣誓，也可以把目标写在纸上，贴在你容易看到的地方，每天早晚念两三遍，每念一次，就要在心里暗暗发誓：我一定要实现这个目标。经过反复念诵，已经念念不忘，促使你的潜意识向实现目标的方向运作。

心灵悄悄话
XIN LING QIAO QIAO HUA >>>

当你的内在心灵将焦点集中在自己的目标上时，你就会不由自主地朝着自己的目标前进。

脚踏实地地奋斗

具体、明确的目标才具有指导行动和激励自己的价值。只有充分地了解自己在特定的时限内需要完成的任务，你才会集中精力，调动潜力，为实现目标而奋斗。如果没有明确具体目标的时限，任何人都难免会精神涣散、无精打采，要想完成既定目标也是难上加难。

雷因 25 岁的时候，因失业而挨饿。白天他就在马路上闲逛，目的只是为了躲避房东和债主。一天，他在 42 号街碰到了著名歌唱家夏里宾先生。雷因在失业前，曾经采访过他。但是，他没想到的是，夏里宾一眼就认出了他。

他问雷因："很忙吗？"雷因很含糊地回答了他，他想夏里宾先生一定是看出了他的遭遇。

夏里宾先生说："我住的旅馆在第 103 号街，跟我一同走过去好不好？"

雷因犹豫了："走过去？可是，夏里宾先生，60 个路口，可不近呢。"

夏里宾先生说："胡说，只有 5 个街口。"

雷因不解。

夏里宾先生说："是的，我说的是第 6 号街的一家射击游艺场。"

这话有些答非所问，但雷因还是顺从地跟他走了。

到达射击场时，夏里宾先生说："现在，只有 11 个街口了。"

不多一会儿，他们到了卡纳奇剧院。

夏里宾先生说："现在，只有5个街口就到动物园了。"

最后又走了12个街口，他们才在夏里宾先生住的旅馆前停了下来。奇怪的是，雷因并没有感到太疲惫。

接着，夏里宾给他解释为什么步行却没有疲惫的原因："今天的走路，你可以常常记在心里。这是生活中的一个教训。无论与目标距离有多远，都不要担心。把你的精神集中在5个街口的距离。别让那遥远的未来惹你烦闷。"

不要丧失自己的目标和信心，每次只把精力集中在面前的小目标上，这样，无论看起来多么遥不可及的目标都会一步一步地得以实现。著名的作家、战地记者希达·赖德先生曾用这种方法救了自己的生命。我们不妨听听他讲的一段亲身经历：

"二战期间，我跟几个人不得不从一架破损的运输机上跳伞逃生，结果飞机迫降在缅印交界处的树林里。当时我们唯一能做的就是拖着沉重的步伐往印度走，全程长达140英里，必须在8月的酷热和季风所带来的暴雨侵袭下翻山越岭。

才走了1个小时，我就被一只长筒靴的鞋针扎了脚。傍晚时，双脚都起了硬币般大小的泡，并且开始出血。我能一瘸一拐地走完140英里吗？别人的情况也差不多，甚至更糟糕。我们以为完蛋了，但是又不能不走。为了节省体力，我们每次只走一英里，休息10分钟后，再继续下一英里的路程。我们就这样走着，直到有一天，竟然惊奇地发现，我们已经走出了这一段魔鬼旅程。"

有时候，按部就班也未尝不是一个实现目标的聪明的做法。某些人从表面看来似乎是一夜成名，但是如果仔细回顾他们的历史，就会发现他们的成功也并非偶然，都是平时一步步走出来、一个个小目标积累起来的。

成功从来不是一蹴而就的事，需要循序渐进，步步为营。许多人做事之所以半途而废，并不是因为困难大，而是自己总觉得与成大事者距离较远，正是这种心理上的因素导致了最终的失败。但是，我们若把很长的距离分解成若干距离段，逐一跨越，自然会轻松许多。

赵本山先生的搭档曾在某年度春节联欢晚会上说过这样一个笑话：请问，把大象放进冰箱需要几个步骤？回答者茫然不知所措。答曰：把大象放进冰箱需要三个步骤。一把冰箱门打开，二把大象放进去，三把冰箱门关上。

虽然仅仅是个笑话，但我们不妨想想自己要做的事情需要几个步骤呢？不论看起来多么困难和遥远，只要我们像放置大象那样，把过程切割成一个个小目标和小的阶段来实施，那么，这些所谓的问题都将不再是什么问题了。

心灵悄悄话
XIN LING QIAO QIAO HUA >>>

谁都不可能一口气吃个胖子，很多事情亦是如此。在作出了长远的发展规划之后，我们接着要做的就是，一步一步分阶段分步骤地实施最终的目标。

活出自己的价值

在生活中，有许多时候，我们会倾跌，被击垮，弄得灰头土脸。当这些情况发生的时候，往往令自己感到一无是处。

其实，不管发生了什么事，或是将要发生什么事，我们都不应该失去自我的价值，就像蒙灰的黄金，即使经过再长时间风雨的打击，也不会损及它原本的价值。

在竞争的时代，一个人如果不能贡献出什么价值，就很容易被世人所遗忘。

打个比方，当我们买衣服时，如果销售员只是包装、结账、开发票，人们通常不会特别记得他的样貌；但如果他扮演的是服装咨询师的角色，给予种种搭配的建议，人们不只会对他印象深刻，还有可能会常常光顾。作为一个常与人接触的销售员，有的能使店里充满笑声与喜悦，有的却摆着臭脸等下班，同样是做一份工作，看待自己的价值不同，结果也就大不同。

在这个世界上，我们每个人都是独一无二的奇迹，都是自然界最伟大的造化，永远也不可能有一模一样的两个人。只有正确认识自己的价值，对自己充满自信，不断发挥自身的潜力，才能将生存的意义充分体现出来。

有这样一个关于认识价值的故事：

相传，有一个出家弟子跑去请教一位很有智慧的师父，他跟在师父身边，天天问同样的问题："师父啊，什么是人生真正的价值?"问得

师父烦透了。

有一天，师父从房间拿出一块石头，对他说："你把这块石头拿到市场去卖，但不要真的卖掉，只要有人出价就好了，看看市场的人出多少钱买这块石头？"

弟子就带着石头来到市场，有的人说这块石头很大，很好看，就出价两块钱；有人说这块石头，可以做秤砣，出价十块钱。结果大家七嘴八舌，最高也只出到十块钱。弟子很开心地回去，告诉师父："这块没用的石头，还可以卖到十块钱，真该把它卖了。"

师父说："先不要卖，再把它拿去黄金市场卖卖看，也不要真的卖掉。"

弟子就把这块石头，拿去黄金市场上卖，一开始就有人出价一千块，第二个人出一万块，最后出到十万块。

弟子兴冲冲跑回去，向师父报告这不可思议的结果。

师父对他说："把石头拿去最贵、最高级的珠宝商场去估价。"

弟子就去了。第一个人开价就是十万，但他不卖，于是二十万，三十万，一直加到后来对方生气了，要他自己出价。他对买家说，师父不许他卖。他把石头带了回去，对师父说："这块石头居然被出价到数十万。"

师父说："是呀！我现在不能教你人生的价值，因为你一直在用市场的眼光看待自己的人生。一个人心中只有先有了最好的珠宝商的眼光，才可以看到真正的人生价值。"

你了解自己的价值吗？为了"卖个好价"，你必须让人把你当成宝石看待。

为使自己充分发展，全面准确地评价是非常必要的。要知道在很大程度上，你可以掌握自己的命运，决定自己的价值！

我们的价值，不在于外面的评价，而在于我们给自己的定价。每一个人的价值，都是绝对的。坚持自己崇高的价值，接纳自己，磨砺自

己，给自己成长的空间，每个人都能成为"无价之宝"。

有篇在网络上广为流传的文章，是这么说的："我曾经访问美国两大汽车厂的现场工作人员：'你们在做什么？'大部分人给我的回应都是'装轮胎'、'装玻璃'之类，甚至有人说'我到这里15年了，一直在装轮胎。'没有人回答'制造汽车'，更没有人说'协助交通运输，促进经济繁荣'。"

歌德在《格言诗》中曾提到："如果你喜爱自己的价值，你就应该为这个世界创造价值。"

装轮胎的工作人员，认为自己只能装轮胎，所以一辈子都在装轮胎，而认为自己是为了协助交通运输，促进经济繁荣而工作的人，则是以远大的社会贡献来看待工作的价值，就算他一辈子都在装轮胎，也会为自己崇高的理想感到骄傲。

曾经有人计算过比尔·盖茨到底有多富，说如果他给世界上每个人都送15美元，还能剩下5000万美元。如果把他当成国家，位于23位富国之列……如果感兴趣，你可以充分发挥你的想象力去描述……

每个人都有自己的价值体现，而且这种价值的潜力更是不可估量。如果说，去超越别人的极限有难度——比如超越比尔·盖茨的财富，但是，超越自己，我们每个人都可以达到，只要自己愿意突破这个价值极限即可。

"寸有所长，尺有所短。"我们不可能做到面面俱到，样样精通，但是，至少可以让自己活出一个高度，活出一份精彩。

曾任万科领头人的王石先生，是知名企业家、攀登珠峰的登山勇士，单是其中一个，足以让人瞪大眼睛了，可是如果将两件风马牛不相及的事情集于一身呢，他做到了。企业中的人格魅力，攀登珠峰时的挑战极限，让王石先生不仅成为万科企业的代表，更让万科品牌的境界得以同步提升。

更重要的是，他的不断前行突破，不仅成为所有万科人的精神领袖，还会直接地带来所有万科人的突破，从而使万科进入更广阔的发展

空间。

其实，我们每个人都可以活出自己的价值，甚至用我们自己的这种价值体现去引发更多的价值。关键在于，我们自己要勇于认识、利用、挖掘自己的价值，突破自己，创造自己！

心灵悄悄话
XIN LING QIAO QIAO HUA >>>

也许在生活中，我们没能达到一些境界，没有给自己一个突破，或者说没有充分地展露自身的价值，究其原因，注注是我们不去努力战胜思想惰性，不去顽强地挑战生命极限。

不要为自己找借口

古人说得好："天下兴亡，匹夫有责。"责任是每一个人从出生到死亡都要承担的一种义务。我们做事要有责任心，做人更要有责任感。

责任感是衡量一个人最重要的标准之一。有责任感是一种素质，一种灵魂。有责任感，首先就要对自己负责。那么责任心的最高表现是什么呢？在日本广岛举办的亚运会的一个会场上，当6万多日本人散会离去时，会场竟找不出一张废纸。世界各大媒体惊叹道："可敬、可怕的日本民族！"阿拉伯和以色列打仗打得正激烈的时候，世界举行选美比赛，那年当选"世界小姐"的正好是以色列小姐，许多电影人士都围着她，劝她不要回去了，回去有什么好？以色列又穷又小又在打仗。这姑娘却在电视上发表谈话告诉世界："现在我的国家正在打仗，要钱何用？我们以色列亡国两千年，但我们文化不亡，所以我们还能建国。今天我要回去，为祖国而战，要钱何用？"她发表完这番谈话，第二天就坐飞机回国了。

由此可见，有责任感的最高表现就是对国家负责。或许你认为，中国是个泱泱大国，有13亿人口，哪轮得上我呢？其实，对国家负责不是要求每个人都去干轰轰烈烈的事业为国争光，而是要有一颗挚爱着祖国的心。在国内，要在岗位上奉献自己的一份力；在国外，不给中国人丢脸，并以自己是中国人而自豪。这个国家富有、强大，是我的国家，我引以为豪。这个国家贫穷、落后，也还是我的国家，更要为国争光。一个国家，一个民族的强大并不是光靠那些干大事业的人，而是依靠所有有责任感的人。有了责任感，能使家庭和睦，社会和谐，国家强大，

这就是责任感的力量。

歌德有一句话："责任就是对要求去做的事情有一种爱。"做事有责任心，事业就会成功，做人有责任感，人生才会有价值，才会放射出最耀眼的光芒。

所谓责任心，是指个人对自己和他人，对家庭和集体，对国家和社会所负责任的认识、情感和信念，以及与之相应的遵守规范，承担责任和履行义务的自觉态度。责任心与自尊心、自信心、进取心、事业心、雄心、恒心、孝心、关心、同情心、怜悯心、善心等相比，是"群心"灿烂中的核心。由此可见，责任心是健全人格的基础，是能力发展的催化剂。责任心以认识为前提，没有是非标准的责任心就无从谈起。

责任心与人生观、价值观、道德、理想、集体主义、爱国主义也是紧密相连的。如果一个人的价值取向以奉献为乐，那么他就会有很强的责任心，反之，则会对人对事漠然置之。

责任心以情感为基础。可以想象，一个人如果对父母没有感情，就不可能对家庭承担任何责任。一个对社会、对祖国、对人民没有情感的人，当外族入侵，祖国受难之时，他也不可能挺身而出，舍生忘死，为国献身。

责任心靠意志来维持。尽责尽心并非是要听他说得如何动听，主要反映在行动之中，不管承担什么样的责任，都离不开坚强意志和毅力的支撑，只有在克服困难时，在抵制各种诱惑中，才能反映一个人的责任感。

责任心的强弱通过行为来体现。从为家庭烧一顿饭，洗一次衣服，到报名义务献血，应征入伍，都是责任心的体现。不过，这体现的是两种不同层次的责任心。

不久前放映的一部电影《背起爸爸上学》，感动得多少人热泪盈眶。电影说的是一个16岁的农村少年，以优异的成绩考取了师范学校。面对着瘫痪在床无人照顾的父亲，无奈之下卖掉了全部家产，背着父亲

走进校门，开始了漫长而艰辛的求学之路。

一个"背"字，不仅体现了父子之情，也体现了孩子对家庭的责任。有报纸评论说他"背"起了责任。正是这种久违了的反哺情结，震撼着人们的心灵，呼唤着人们的良知。

一向被大家爱戴的哈佛大学教务长伯立格先生，有一次问一位名叫史密斯的学生："为什么没有把指定的功课做完？"史密斯回答："我觉得不太舒服，休息了片刻，时间不够用了。"伯立格说："史密斯先生，我想有一天你也会发现，世界上大部分事情，都是由觉得不太舒服的人和没有时间的人做出来的。"

这则故事给我们的启迪是：工作中的责任感是促使人们做事的最大动力，即使不太舒服，也要坚持下去；即使时间不够用，也要分秒必争。正因为如此，才有不少优秀的人士，以很强的责任感为己任，成就工作，也成就自己。种种借口，永远是人们前进道路上的"拦路虎"和"绊脚石"。

在实际工作中，借口与责任成反比关系。一个人越是义无反顾地全身心投入到某项事业中去，他就越没时间和精力去找借口，他的业绩也就更加突出。相反，一个人如果总是在找借口上下功夫，就总能找到好理由，但这个人也会离他的目标越来越远，甚至连去工作的心思都丢失了。因此他有了许多可以心安理得地"理由"来安慰自己，领导分配任务后，将失败的借口找上一大堆。

但扪心自问，自己竭尽全力了吗？借口只能助长一个人的懒惰、消极和颓废思想。

不全力以赴地干事而千方百计地寻找借口，绝对是一个不好的习惯。去掉这种坏习惯有两种行之有效的办法：一是要头脑清醒，立场坚定，自觉远离它的"诱惑"，不给它搭建"温床"。不论什么人，靠个

人的力量和能力是有限的，实在做不了的事情可请求别人帮忙，直到学会完成为止，但不能一味地找借口。少一个借口，就给自己堵塞一条退路，没有任何借口，就堵塞了所有退路。逼自己破釜沉舟，背水一战，这叫"置之死地而后生"。二是要雷厉风行，速战速决，对上级的指令就像战场上的命令一样，马上答："是!"紧接着就立即去执行，不给自己留下偏离目标的过多思考时间。

美国成功学家格兰特纳说过这样一段话："如果你有自己系鞋带的能力，你就有上天摘星的机会! 一个人对待生活、工作的态度是决定他能否做好事情的关键。"

任何借口都是推卸责任。在责任和借口之间，选择责任还是选择借口，表现了一个人的工作态度。

心灵悄悄话
XIN LING QIAO QIAO HUA >>>

有了问题，特别是难以解决的问题，可能让你懊恼万分。这时，有一个永远适用的基本原则，这原则非常简单，就是永远不放弃，永远不为自己找借口。凡事要有责任心，全力以赴去做。

勇于承认错误

人们总是把犯错误看作是某种失败，不愿面对失败与不肯承认失败同样糟糕。其实，若能把失败当成人生必修的功课，你会发现，大部分的失败都会给你带来意想不到的好处。

我们对于自己的主张或行为，常常喜欢抱着"绝不改变"的态度。但是世上千千万万的人中，有几个人敢担保他的主张或行为是毫无差错的呢？有几个人敢说他从来没有说错过一句话或做错过一件事呢？

所以，当你预备坚持某件事情时，最好先仔细想想你的坚持，是否确有毫无瑕疵的理由？还是因为你只是在"保全面子"而已？经过仔细思量后，如果发现自己确有后者的动机夹杂在内，那么请赶快撤销你的坚持，因为"保全面子"，最易使人丧失理智。你的坚持如果以它作为出发点，你所能获得的唯一结果，就是给人攻击的机会，而自己却成了一个毫无反抗能力的木偶。

请看美国总统罗斯福在1912年总统竞选演说时是怎样聪明地改变自己的主张的？

那时，他在新泽西州一个小镇的集会上，向文化水准较低的乡下人发表一篇演讲。当他说到女子也应踊跃参加选举时，听众中忽然有人大声喊道："先生！这句话和你5年前的意见不是大相径庭了吗？"罗斯福立刻很聪明的回答道："可不是吗，5年前我确实另有一种主张的，现在我已深悟那时的主张是不对的了！"

他这简短的几句话，连"但是""假使"等字眼都没有用，然而话中却充满了坦白、忠实、诚恳、亲切的意味，不仅使那位问话的人获得了满意的答复，就是其他的听众，也丝毫察觉不出他有过什么不安的情绪。

纽约《太阳时报》主笔丹诺先生在读稿时，常常喜欢把自己认为重要的几段用红笔勾出，以提醒排校人员"切勿将它遗漏"。

但是有一天，一位年轻校对员偶然读到一段文字，也是被人用红笔勾出的，上面写道："本报读者雷维特先生送给我们一个很大的苹果，在那通红美丽的皮上露出一排白色的字，仔细一看，原来是我们主笔的名字。这真是一个人工栽培的奇迹！试想，一个完整无缺的苹果皮上，怎样会现出这样整齐光泽的字迹来呢？我们在惊奇之余，多方猜测，始终不明白这些奇迹是怎样出现在苹果上的。"

那个年轻的校对员是一个常识丰富的人，读了这段文字不禁好笑起来。因为他知道这些苹果皮上的字迹，只要趁苹果还呈青色时，用纸剪成字形贴在上面，等苹果发育到红色时，将纸揭去，字迹就出现了。这根本是个小朋友的恶作剧而已。

这位年轻的校对员心想，如果将这段文字登出来，必将被人讥笑，说他们的主笔竟会愚笨至此，连这样一点小"魔术"也会"多方猜测，始终不明……"。因此，他便大胆地将这段文字删掉了。

第二天一早，主笔丹诺先生看了报纸，立刻气呼呼地走来，向他问道："昨天原稿中有一篇我用红笔勾出的关于'奇异苹果'的文章，为何不见登出？"

那位校对员诚惶诚恐地把他的理由说明后，丹诺先生立刻十分诚挚和蔼地说："原来如此！你做得十分正确，以后只要有确切可靠的理由，即使我已用红笔勾出，你仍不妨自行取舍。"

在这件事上，丹诺先生充分显示了他并不是一味坚持的人。他的坚持，其实只是一种手段，用来压抑下属的越轨行为，却不会用来欺骗自

己。所以当他听见对方的理由充足时，立刻自动把他的"坚持"取消了。

从另一方面来看，那位年轻校对员未遭训斥，也是因为他更改的动机，并非为了取巧、偷懒等自私行为，而是完全为报馆方面着想。他当初明明知道这样做不但对自己无益处，还可能会被主笔严斥，但仍旧本着良心去做，因此他获得赞誉也是理所当然的。

每个人都会犯错，这个道理大家都知道。当别人犯了错误时，我们总是希望他们能够承认并且加以改正。可是一遇到自己的身上，很多人就会犯嘀咕：难道要我承认不如别人？于是很多时候，人们不愿意承认自己的错误。这就造成了人与人之间的交往障碍。因为每个人都坚持自己是对的，而观点有时确实是对立的，于是留下了埋怨、不满和争执。其实，有时候，勇于承认自己的错误，放弃自己的意见，反而会取得更大的成功。

心灵悄悄话
XIN LING QIAO QIAO HUA >>>

"保全面子"的想法，最易使人丧失理智。勇敢地面对并承认错误，才会在成功路上有所收获。